MÉTHODE DE DRESSAGE

Etude DE SELLE

sur le travail & D'ATTELAGE.

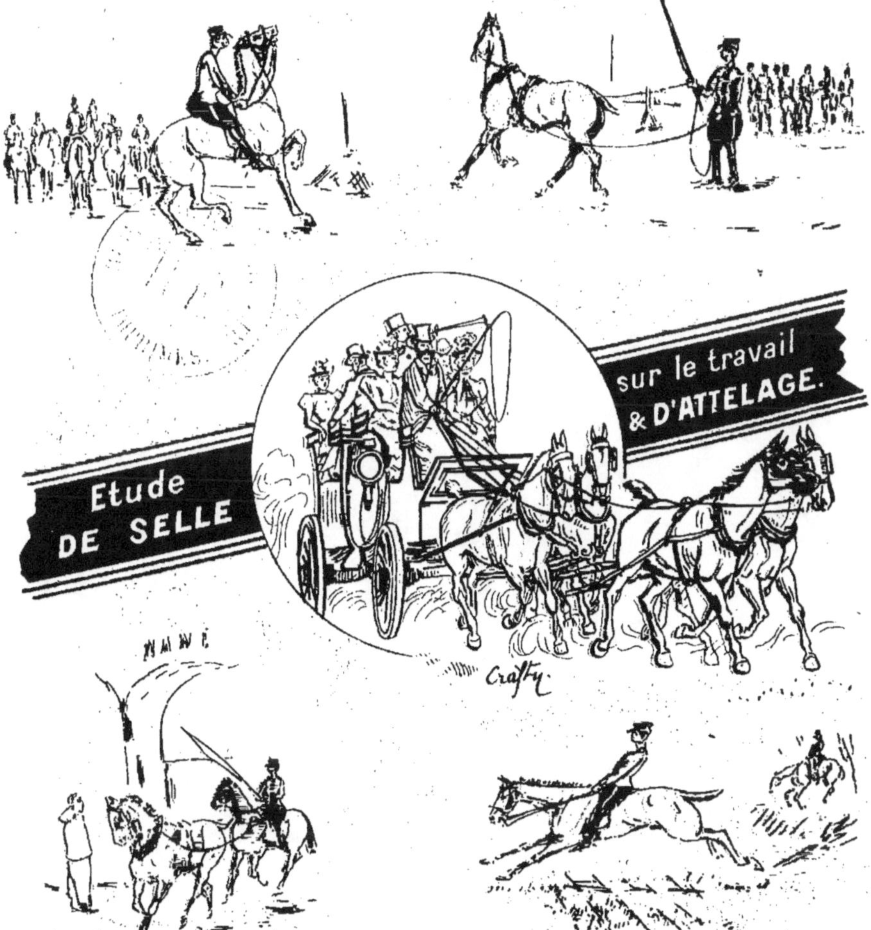

Par le

M͞ᴵˢ DE MAULÉON

Ancien Officier de Cavalerie

MÉTHODE

DE DRESSAGE

SUIVIE D'UNE

ÉTUDE

SUR LE

TRAVAIL DE SELLE & D'ATTELAGE

PAR

LE Mⁱˢ DE MAULÉON

ANCIEN OFFICIER DE CAVALERIE

PRIX : 4 FRANCS

TOULOUSE

ÉDOUARD PRIVAT, LIBRAIRE-ÉDITEUR

45, RUE DES TOURNEURS, 45

1895

ERRATA

Page 57, ligne 25, au lieu de : *qu'elle retombât*, lire : *à retomber*.

Page 104, ligne 12, ajouter : *Il mettra pied à terre*.

Page 111, ligne 11, remplacer le ; par une ,.

— ligne 12, remplacer la , par un ;.

Page 124, ligne 18, remplacer la , par un ; supprimer *et*.

Page 135, ligne 25, au lieu de : *en*, lire : *et*.

Page 165, ligne 16, au lieu de : *en avant*, lire : *le long*.

Page 176, dernière ligne, au lieu de : *gauche*, lire : *droite*.

AVANT-PROPOS

Il y a quelques années, j'ai publié, sous forme
d'aperçu, une brochure intitulée : *Dressage de quatre chevaux en douze heures*. L'originalité du titre
a d'abord séduit le public, et un grand nombre
d'exemplaires ont été bientôt répandus dans le
monde des sportsman. Peu à peu, beaucoup d'entre
eux ont mis en pratique les procédés que j'y expo-
sais, et la méthode a fait son chemin. Elle est non
seulement entrée dans le domaine de ceux qui
s'occupent du cheval, mais, pouvais-je espérer une
plus grande satisfaction, elle est en usage dans un
bon nombre de régiments de cavalerie, arme noble
et aimée dans laquelle j'ai eu l'honneur de servir
mon pays, et où j'ai goûté les plus grandes émo-
tions de ma vie, aux heures d'angoisse comme aux
jours plus prospères.

Sollicité, aujourd'hui, par de pressantes demandes

d'en continuer la publication, j'ai cru, tout en conservant le caractère de la première donnée, devoir en remanier le détail et la présenter sous une forme plus classique; on pourra facilement y puiser les éléments physiologiques de la méthode et la progression à suivre.

J'ai été amené à faire suivre cet exposé d'une étude sur le travail de selle et d'attelage. Elle en est la conséquence. J'ai choisi, pour en coordonner les idées, la division du programme des examens de la Société hippique française, qui est parfaitement bien établi. La doctrine contenue dans cette étude a un caractère tout à fait personnel; elle n'a pas l'ambition de faire école, mais je dirai à mes lecteurs : « Essayez-en; si vous la trouvez bonne, mettez-la en pratique; si vous trouvez mieux, je serai prêt à vous suivre. »

MÉTHODE

DE DRESSAGE

CONSIDÉRATIONS GÉNÉRALES

Définition.

Avant d'énoncer les principes d'une méthode de dressage et d'en décrire les résultats, il est indispensable de s'entendre sur le sens à donner au mot *dressage;* j'éviterai ainsi de les livrer à de fausses interprétations et à des critiques mal fondées.

Je n'envisagerai le but à atteindre dans le dressage qu'en vue de l'emploi des mouvements simples, utiles et usuels. Je laisserai à des hommes spéciaux le soin de préparer les chevaux pour les courses ou les gros obstacles, et à d'autres le fini de l'équitation, comme sont le travail sur deux pistes, les airs de manège, etc... Je dirai qu'un cheval est dressé lorsqu'on aura simplement obtenu de lui l'*obéissance,* le *calme* et la *sensibilité,* et qu'il sera assez maniable pour exécuter facilement, soit attelé, soit monté, la *marche en avant,* les *changements de direction,* les *changements, allongements* ou *ralentissements d'allures,* l'*arrêt* et le *reculé.* Ce dressage pourrait s'appeler un *débourrage*, si je n'avais la prétention d'arriver, quoique dans un temps très restreint, à une grande *justesse* dans l'exécution de ces mouvements.

Quant aux moyens employés, ils forment l'objet des lignes qui suivent, mais ils peuvent se résumer dans ces deux principes : *domination* absolue sur la volonté du cheval, en employant la fermeté et la patience, à l'exclusion de la brutalité; maintien de l'*équilibre naturel* pendant l'ouvrage.

Choix de la méthode.

Ce n'est point une méthode nouvelle que je vais essayer de mettre sous les yeux de mes lecteurs, car les moyens qui y sont employés sont depuis long-temps connus et en usage; mais la progression qui y est suivie a le mérite de simplifier peut-être, plus qu'on ne l'a fait jusqu'à présent, le travail que comporte ce genre d'opérations, et de permettre à ceux qui l'emploient d'arriver à des résultats aussi sûrs et beaucoup plus prompts qu'avec les méthodes généralement usitées.

Je n'aborderai pas la comparaison entre elles des différentes méthodes de dressage, je ne chercherai pas non plus à exposer les raisons qui m'ont déterminé à adopter celle qui fait l'objet de cet ouvrage; mais il me suffira de dire qu'elle m'a toujours donné d'excellents résultats. Je signalerai les principaux.

Grâce à cette progression j'ai pu arriver à mettre, dans une même journée, quatre jeunes chevaux assez bien dans la main et dans les traits pour leur faire facilement exécuter les mouvements utiles, voire même le reculer.

Cette expérience serait moins concluante en réalité qu'en apparence (car on sait qu'il est plus facile de faire mouvoir quatre chevaux qu'un seul, qu'ainsi groupés, ils se prêtent un mutuel appui dans le travail, tandis qu'ils contrarient leurs efforts dans la défense) si on n'expliquait qu'aucun de ces chevaux n'a été attelé à quatre avant d'avoir exécuté séparément, attelé seul, la marche en avant, les changements de direction à gauche ou à droite de pied ferme ou en marchant, et après avoir reculé.

Les résultats obtenus à la selle ont été aussi satisfaisants.

Il m'est arrivé de faire donner la leçon à de jeunes chevaux, de les faire monter sous mes yeux, et de leur voir exécuter régulièrement au pas ou au trot les mouvements simples du manège, c'est-à-dire les marches aux deux mains, les changements de main, les voltes et les demi-voltes, de les faire galoper sur l'un et l'autre pied, de les faire reculer bien droit sur une assez longue distance et de leur faire exécuter des demi-tours sur les hanches.

Enfin j'ai réussi, après une courte leçon, à faire sauter, calmes et équilibrés, des chevaux complètement dégoûtés de l'obstacle.

Avantages.

Un des premiers avantages à signaler dans le choix de la méthode est l'écart de toutes chances d'accidents, soit de personnes, soit de chevaux ou de matériel. En effet, l'homme étant suffisamment éloigné du cheval tant que celui-ci exerce ses défenses, il ne saurait être atteint; le cheval les exerçant dans le vide ne risque pas de se heurter; enfin, le cheval n'étant monté ou attelé qu'après une complète subordination, toute cause de chute grave ou de bris de voiture est conjuré.

On verra, en second lieu, comment, sans occasionner de fatigue nuisible au cheval et sans que ses membres en souffrent, on le mène au degré de lassitude voulu pour obtenir de lui le calme nécessaire à l'efficacité de l'instruction.

La domination de l'homme sur le cheval est le premier agent de soumission; il est donc indispensable d'employer dès le début les moyens les plus puissants. On verra par ce qui suit comment, en l'enfermant dans une sorte d'étau, on maintient ses hanches et on donne à sa tête la direction voulue; comment on brise sa volonté en ne laissant comme dérivatif à ses résistances que l'impulsion en avant; comment on la règle ensuite; comment enfin on conserve, pendant le travail, l'équilibre naturel du cheval, ce qui éloigne souvent les causes de défenses.

Tels sont les avantages du mécanisme de ce travail sur celui du travail à la longe : comme le premier, celui-ci ne contient pas les hanches du cheval; il le soumet en le baissant de condition, mais il ne l'habitue pas à obéir de la bouche. « Personne encore n'a employé des moyens aussi prompts et aussi dominateurs », écrivait le comte de Montigny. J'ajouterai aussi que les leçons ainsi données ont un caractère indélébile.

Cette méthode offre enfin un avantage qu'il me paraît indispensable de signaler aussi. Elle base son action sur l'emploi des moyens qui exigent un certain degré de force, à l'exclusion de ceux qui nécessitent de la délicatesse, et elle la rend ainsi accessible au grand nombre. Si, par exemple, on exerce séparément deux chevaux, marchant à la même vitesse, à supporter l'un une pression de 100 grammes, l'autre une pression de 500 grammes sur chaque rêne; si pour les ralentir ou les arrêter il faut exercer une pression double, il sera bien plus aisé d'agir avec justesse dans le deuxième cas que dans le premier, car il est plus facile de se rendre compte d'une différence de traction de 500 grammes que d'une différence de traction de 100. Il en résultera que la conduite des animaux une fois dressés pourra être confiée à des mains moins habiles, chaque faute de la part du cavalier ou du conducteur ayant une portée bien moindre.

Mécanisme et Physiologie.

Avant d'arriver à la progression suivie dans la méthode, il est bon d'établir les bases mécaniques et physiologiques sur lesquelles on a pu en appuyer le système. C'est ainsi qu'en étudiant le mécanisme qui préside à la locomotion du cheval, on pourra en déduire les règles à suivre pour obtenir tel ou tel mouvement; en étudiant son caractère, son moral, ses sens, on pourra connaître les moyens à employer pour lui donner l'instruction et lui inculquer l'obéissance.

En ce qui concerne le mécanisme de la locomotion, examinons le cheval en liberté :

Arrêté, il allongera son encolure et baissera la tête; il s'abandonnera, ne s'appuyant souvent que sur trois jambes; mais aussitôt en éveil, il élèvera sa tête et reprendra un appui égal sur ses quatre membres.

En mouvement, nous verrons sa tête et son encolure jouer un rôle capital dans tous les actes de la locomotion.

Lorsqu'il voudra se mettre en marche, le cheval éloignera la tête de son corps et reprendra aussitôt en marche sur la ligne droite, soit au pas, soit au trot, la position de tête qu'il aura eue en éveil. Il éloignera de nouveau sa tête en allongeant son encolure lorsqu'il voudra allonger ou augmenter

son allure; il la rapprochera en repliant son encolure lorsqu'il voudra raccourcir ou diminuer son
allure ou s'arrêter.

Pour changer de direction sans augmenter ni
diminuer sa vitesse, le cheval portera sa tête du
côté vers lequel il voudra tourner en courbant son
encolure suivant la courbe qu'il voudra décrire, et
en maintenant ses épaules et ses hanches sur cette
même ligne.

Lorsqu'il voudra tourner brusquement il portera
sensiblement la tête du côté vers lequel il voudra
tourner, pivotera sur les épaules en jetant ses hanches du côté opposé et s'arrêtera; ou bien il inclinera
la tête du côté opposé en fléchissant son encolure,
pivotera sur les hanches en portant ses épaules du
côté vers lequel il voudra tourner, et repartira en
allongeant ou augmentant l'allure.

J'insiste sur ces deux derniers mouvements, l'un
se faisant sur les épaules, l'autre se faisant sur les
hanches, pour bien faire remarquer que le premier
est toujours suivi d'un temps d'arrêt et que le second
est la préparation du mouvement en avant. On pourra
pousser l'observation plus loin et l'on verra que
lorsque, dans son ouvrage, un cheval pivote facilement sur les épaules en jetant ses hanches d'un côté
ou de l'autre, c'est qu'il a une disposition à s'arrêter
ou à ne pas s'occuper de son travail : monté, il fait
perdre la fixité à son cavalier, attelé, il ne peut se
maintenir droit dans les traits, sa conduite devient

difficile, il perd du temps et dépense inutilement une partie de ses forces. Lorsque, au contraire, il se sert de son arrière-main comme pivot, il est toujours prêt à se porter en avant, il assure la fixité et l'équilibre de son cavalier ou se maintient dans ses traits, et, sérieux dans son travail, il utilise son temps et ses forces.

Nous verrons le parti que l'on peut tirer de cette observation; j'y reviendrai notamment en parlant du travail de selle.

Au galop, le cheval allongera son encolure en baissant un peu la tête; il la rapprochera du corps pour ralentir et l'éloignera en l'élevant pour allonger son galop. Il l'élèvera davantage, sans pour cela l'éloigner, pour passer au trot. Pour tourner, en marchant au galop, il inclinera légèrement la tête du côté opposé au tournant et pivotera sur les hanches.

La tête du cheval est donc une sorte de gouvernail qu'il emploie pour se diriger. Il se sert de son encolure comme d'un levier élastique, tantôt du premier genre lorsqu'il veut pivoter sur les épaules, lorsqu'il veut ralentir son allure ou s'arrêter; tantôt du second genre, lorsqu'il veut pivoter sur les hanches ou accélérer sa vitesse.

Telles sont les lois qui président à la locomotion du cheval. Nous nous contenterons de les signaler sans les analyser ni en rechercher les causes. Nous déduirons seulement des faits qui précèdent, qu'en donnant à sa tête la position d'une de ces attitudes le cheval cherchera à placer son corps dans la position correspondant à cette attitude. Ainsi, en élevant sa tête et l'éloignant du corps, on le déterminera à se porter en avant, à allonger ou à augmenter son allure; en la baissant et la rapprochant du corps, on le déterminera à diminuer ou ralentir son allure et à s'arrêter. En dirigeant sa tête à droite ou à gauche on l'amènera à tourner à droite ou à gauche; on le dirigera à l'allure du galop en appliquant les principes analogues; enfin, en le faisant pivoter sur les épaules on le disposera à s'arrêter, en le faisant pivoter sur les hanches on le disposera à se porter en avant. Si j'ai insisté sur ces deux derniers mouvements c'est pour faire ressortir que tout dressage devant avoir pour base le mouvement en avant, on devra éviter de mobiliser les hanches autour des épaules, et s'attacher au contraire à mobiliser les épaules autour des hanches.

Examinons maintenant quelles sont les conditions physiologiques qui pourront nous servir de base utile : je veux parler de la nature et du caractère de notre animal.

Le cheval est assez dépourvu de ce qu'on appelle l'intelligence chez les animaux, mais il est esclave des habitudes qu'il prend ou qu'on lui donne. Il est naturellement doux et accessible à la flatterie; il ne devient méchant ou vicieux qu'à la suite de mauvais traitements dus à la brutalité ou à la maladresse de ceux qu'il est appelé à servir. Il est essentiellement craintif; cette crainte engendre l'obéissance qui, suivie d'une satisfaction, atteint les plus hauts degrés. Doué d'une rare finesse d'ouïe et d'une grande impressionnabilité, il est vif, souvent impatient, parfois même violent.

Tels sont, dans le caractère et la nature de cet animal, les traits qui nous imposent les règles que nous aurons à suivre.

Nous pouvons les formuler ainsi :

Le cheval ayant une perception bornée et facile à embarrasser, on lui donnera un enseignement successif, de sorte qu'il n'ait qu'une chose à apprendre à la fois.

Pour répondre à son accessibilité à la flatterie, on agira toujours avec douceur, de manière à ce qu'il ait l'air de faire par lui-même ce qu'on demande de lui.

Si le cheval oppose une résistance, il faudra lui en imposer une plus longue; la vivacité étant chez lui un des principaux traits de son caractère, on en viendra toujours à bout avec de la patience et une persistance opiniâtre.

Si le cheval oppose une défense ou se prépare à l'opposer, il ne faudra pas persister dans le moyen employé, car ayant provoqué une première défense il en provoquerait une autre. Il faudra avoir recours à un nouveau moyen, ou bien demander peu d'abord et arriver progressivement à l'exécution

complète du mouvement; on ne cessera que lorsqu'il aura été bien exécuté.

On devra le faire répéter plusieurs fois de suite,
la routine inhérente au cheval étant une des bases
sur lesquelles on s'appuiera; mais après chaque
mouvement on devra toujours donner de la liberté
à la tête afin que le cheval puisse étendre son encolure, ce qui est la meilleure récompense que l'on
puisse lui donner à la suite de l'obéissance.

Le fouet engendre la crainte et non l'obéissance;
on l'emploiera uniquement pour porter le cheval en
avant, comme il sera expliqué.

On devra étudier le caractère du jeune cheval au
début de la leçon, tant qu'il sera hors de portée d'occasionner des accidents, connaître ses points de
résistance et ses moyens de défense. On ne craindra
pas de lui laisser épuiser ceux-ci dans le vide (je
parle surtout de la ruade), à la condition que ce soit
toujours pendant le mouvement en avant; on
pourra même les provoquer lorsqu'on sera sûr d'en
triompher.

L'abaissement de condition résultant du travail
donné pendant un temps relativement long favorisera
toujours la soumission. Ce fait motivera la règle
que j'indique ci-après de donner la leçon entière en
une seule séance.

MÉTHODE

Nous avons dit que les moyens employés dans la méthode ne sont point nouveaux, mais que son seul mérite consistait dans la progression adoptée; il est donc nécessaire de l'exposer d'abord.

Cette progression devra être suivie jusqu'au bout à la première leçon, quitte à répéter la leçon deux ou trois fois si c'est nécessaire, et à confirmer ensuite l'animal dans l'instruction qu'il aura reçue. Il faut donc qu'avant de rentrer à l'écurie le cheval soit passé successivement par tous les mouvements contenus dans cette progression jusqu'au dernier. Il est important, comme il vient d'être expliqué plus haut, de ne les demander que successivement, c'est-à-dire de ne passer à un autre que lorsque le précédent aura été bien compris et correctement exécuté.

Elle se compose de deux parties bien distinctes : La première partie s'applique à la selle comme à l'attelage; elle se donne à pied avec un harnachement dont la description et l'emploi vont être indiqués. La seconde varie suivant la destination qu'on réserve au cheval. Pendant cette seconde partie il doit être monté ou attelé.

La première partie comprend les exercices suivants :

Travail entre les guides.

Aborder un cheval.
Seller et brider ou mettre les harnais.
Amener un cheval en main.
Porter le cheval en avant.
Marcher en cercle à gauche.
Arrêter.
Marcher en cercle à droite.
Changer de cercle.
Reculer.
Allonger ou ralentir l'allure sur le cercle.
Exécuter des contre-changements de main sur le cercle.

La deuxième partie comprend les exercices suivants :

Travail à la selle.	Travail à l'attelage.
Leçon du montoir.	*Des traits.*
Marcher.	*Marcher.*
Arrêter.	*Arrêter.*
En cercle à droite et à gauche.	*Demi-tour.*
Tourner à droite et à gauche.	*Trotter.*
Même travail au trot.	*Reculer.*
Reculer.	*Remiser.*
Demi-tour sur les hanches.	*Attelage à deux.*
Marcher au galop.	

PREMIÈRE PARTIE

TRAVAIL ENTRE LES GUIDES

Aborder un cheval.

(Voir : Étude sur le travail de selle et d'attelage. Maniement du cheval. Instruction du 3e degré. Aborder un cheval.)

Seller et brider.

Le harnachement dont on devra se servir pour la première partie de la leçon se compose pour la selle : d'un filet avec ses montants de têtière, d'un petit collier anglais, d'une selle, d'un surfaix auquel sont cousus, de chaque côté et à hauteur de la pointe de l'épaule, deux anneaux, et de deux longes de caveçon liées à leur extrémité et mesurant ensemble 15 à 16 mètres; chacune de ces longes passe dans l'anneau du surfaix, dans l'anneau du collier, et se boucle à l'anneau du filet; l'extrémité opposée est tenue dans la main du cavalier ou du conducteur qui est à pied. Pour l'attelage, le harnachement se

compose d'une bride à œillères portant un filet,
d'un collier ordinaire, d'une sellette aux sangles de
laquelle sont cousus deux anneaux à hauteur de
la pointe de l'épaule du cheval, de deux longes
analogues à celles qui viennent d'être décrites pour
la selle et placées de la même façon.

Pour seller, brider et mettre les harnais.

*(Voir : Étude sur le travail de selle et d'attelage. Maniement du
cheval. Instruction du 3ᵉ degré. Seller et brider et mettre les harnais.)*

Amener un cheval en main.

Pour mener un cheval en main, il faudra d'abord
l'habituer au regard de l'homme, car s'il suit volontiers l'homme qui ne le regarde pas, il arrivera
toujours un moment où celui-ci sera obligé de se
retourner; alors le cheval s'arrêtera ou reculera. Il
faut donc lui apprendre à se mettre en mouvement
en faisant face à l'homme.

*(Voir : Étude sur le travail de selle et d'attelage. Maniement du
cheval. Instruction du 3ᵉ degré. Amener un cheval en main.)*

Porter son cheval en avant.

Avant de porter son cheval en avant, on se placera exactement derrière lui; on s'assurera que les
deux guides, dont on tient l'extrémité dans la main
et qui doivent être à demi tendues, sont d'égale longueur; puis on déterminera le cheval à se porter

en avant en faisant un appel de langue suivi d'un léger coup de fouet. Aussitôt qu'il sera en marche, on lui donnera progressivement un point d'appui sur les guides sans l'arrêter.

Si le cheval fait des difficultés pour se porter en avant, on se fera seconder un instant par l'aide qui l'aura mené sur le terrain. Celui-ci passera une longe dans le montant de têtière, au-dessus de la muserolle, et déterminera le cheval à marcher comme il a été indiqué précédemment; il le guidera ainsi quelques pas, s'éloignera de lui peu à peu en laissant glisser sa longe et l'abandonnera lorsqu'il le verra prendre de l'assurance.

Le conducteur ou le cavalier le suivra ainsi quelques instants en renouvelant l'appel de langue suivi d'un léger coup de fouet s'il ralentissait son allure ou s'il s'arrêtait.

Aussitôt le cheval en confiance, il le mettra en cercle à gauche.

Marche en cercle à gauche.

On décrira d'abord un grand cercle que l'on rétrécira, à mesure que le cheval deviendra plus obéissant, jusqu'à ce qu'on puisse rester au milieu, sans, pour ainsi dire, bouger de place. A cet effet, on fera sentir l'effet de la guide gauche, en la raccourcissant plus ou moins suivant le rayon du cercle et le degré d'obéissance du cheval, et l'on maintiendra en même temps l'appui sur la guide droite pour empêcher le cheval de diminuer de lui-même l'étendue du cercle, ou de jeter ses hanches en dehors.

Ce mouvement s'exécutera à l'allure que voudra prendre le cheval, pourvu qu'elle ne soit pas désordonnée. On s'occupera d'abord de le maintenir sur la ligne circulaire; plus tard on règlera son allure.

Je ne saurais trop insister sur la nécessité, pendant tout le travail à pied, de conserver constamment leur tension aux guides, de manière à être toujours en communication avec la bouche de son cheval et à n'en jamais abandonner la conduite. De cette condition dépend la réussite du travail.

Lorsque le cheval aura acquis un certain degré d'obéissance et qu'il aura jeté son premier feu, on l'arrêtera.

Arrêter.

On arrêtera son cheval lorsqu'il sera dans une direction opposée à celle de l'écurie.

Pour arrêter, on augmentera progressivement et également la tension des deux guides. Cette pression devra être continue afin d'éviter les à-coups, et demandera souvent l'emploi de toute la force dont on pourra disposer; elle ne devra cesser que lorsque le cheval sera complètement arrêté. On lui parlera alors pour le rassurer et le calmer. On évitera dans la suite de le calmer de la voix pour le ralentir, cette demande ne devant être faite qu'avec les guides.

Lorsque le cheval sera arrêté, on diminuera la pression sur les guides, sans l'abandonner. On se placera exactement derrière le cheval, les guides toujours tendues; on redressera sa tête qui sera certainement dirigée à gauche; on appuiera la guide sur la cuisse droite du cheval de manière à ce qu'il se place droit et d'aplomb sur ses quatre jambes. On abandonnera alors seulement le point d'appui que l'on avait exercé sur les guides et on avancera d'un pas, afin que les guides reposent par terre. On fera caresser le cheval sur l'encolure et sur le chanfrein; on attendra ainsi qu'il étende son encolure en attirant les guides à lui. Cette détente d'encolure obtenue, on le laissera dans cette position une ou deux minutes puis on continuera le travail.

On n'obtient pas toujours la détente d'encolure au premier arrêt, mais souvent au second et presque toujours au troisième.

La détente d'encolure est un des points capitaux de ce dressage; elle indique que le cheval cherche son mors, ce qui est la base de la tendance au mouvement en avant.

Marcher en cercle à droite.

On mettra le cheval en cercle à droite en suivant les mêmes principes que pour le mettre en cercle à gauche et par les moyens inverses.

Changer de cercle.

On exécutera d'abord ce mouvement en arrêtant son cheval avant chaque changement de cercle, comme il vient d'être expliqué, en ayant soin de ne le remettre en mouvement que lorsque, après chaque arrêt, il aura fait une détente d'encolure.

Lorsque le cheval étant de pied ferme saura se mettre en mouvement en prenant la direction donnée par l'une ou l'autre guide, on lui fera exécuter des changements de cercle sans l'arrêter. A cet effet, le cheval étant en cercle à gauche, on raccourcira les deux guides de 5o centimètres environ, on étendra le bras de toute sa longueur pour saisir la guide droite le plus en avant possible, on abandonnera complètement la guide gauche et on exercera sur la guide droite une pression suffisante pour faire exécuter au cheval un demi-tour à droite sur les hanches en avançant. On avancera en même temps de quelques pas pour suivre le cheval pendant son demi-tour afin de ne pas raccourcir ou retarder le mouvement. On reprendra alors la guide gauche et on les portera toutes deux au degré de tension voulu pour recevoir le cheval et le maintenir sur le nouveau cercle.

On fera successivement exécuter de nombreux changements de cercle, que l'on pourra entrecouper de temps d'arrêt.

Reculer.

Le reculé passe pour être le mouvement le plus difficile du dressage; il en est certainement le *critérium*. Il est donc indispensable de s'attacher à en faire correctement exécuter cette partie importante, c'est-à-dire à faire reculer son cheval bien droit, à éviter qu'il ne se déséquilibre pendant ce mouvement, et surtout *ne cherche à se cabrer*.

Pour reculer, on se placera exactement derrière son cheval, on tendra les deux guides bien également, et on augmentera cette pression par le poids du corps; on attendra dans cette position que le cheval, après avoir baissé la tête, ait reculé d'un pas. Lorsqu'il aura obéi, on avancera de manière à laisser les guides reposer par terre en leur milieu et on lui laissera faire une détente d'encolure.

Il arrive quelquefois que le cheval ne recule pas à la première tentative et qu'il oppose le poids de son corps à celui de l'homme. Ce sera alors le cas de déplacer les hanches autour des épaules : sans diminuer la pression, on appuiera à gauche ou à droite la guide tendue le long de la fesse du cheval, jusqu'à ce qu'on ait déplacé son arrière-main d'un pas sur le côté. Aussitôt l'arrière-main déplacée, on arrêtera et on attendra la détente d'encolure, lors même que le cheval n'aurait pas reculé. On recommencera le même mouvement en sens inverse, et lorsque, après avoir répété plusieurs fois ce mouvement, le cheval déplacera facilement ses hanches à gauche ou à droite, on fera exécuter ces mêmes mouvements en reculant un peu. On continuera ainsi jusqu'à ce que le cheval recule sans qu'il soit nécessaire de déplacer les hanches.

Lorsque le cheval saura reculer d'un pas bien droit, en conservant son équilibre, on le fera reculer de plusieurs pas; on mettra entre chaque pas un intervalle plus ou moins grand, selon que le mouvement sera plus ou moins bien exécuté. On ne devra jamais déséquilibrer ni acculer le cheval. On ne devra pas exiger non plus que le cheval soit prêt à se porter en avant, avant d'avoir complètement cessé de reculer; il y aurait contradiction.

Allonger ou ralentir l'allure sur le cercle.

Pour allonger l'allure, on diminuera la pression exercée sur les guides, de manière à ce que le cheval puisse étendre son encolure; s'il ne répond pas à cette première demande, on fera un appel de langue et au besoin on emploiera le fouet. Aussitôt que le cheval aura pris le degré de vitesse voulue, on reprendra sur les guides le point d'appui que l'on jugera devoir conserver, afin de ne pas laisser la tête de son cheval dans le vide. Dans ce but, s'il ralentissait sa vitesse, on l'activerait par de nouveaux appels de. langue ou par quelques légers coups de fouet.

Pour ralentir l'allure, on augmentera sensiblement, mais progressivement, la pression sur les guides. Lorsque, obéissant à cette augmentation de pression, le cheval aura ralenti son allure de manière à marcher à une vitesse moindre que la vitesse demandée, on diminuera cette pression pour lui laisser reprendre sa vitesse voulue ; on reprendra alors la pression correspondante.

Ce ralentissement exagéré a pour but d'apprendre au cheval à étendre son encolure à la diminution de pression, à chercher son mors et avoir ainsi une tendance constante à se porter en avant.

C'est par des allongements et des ralentissements d'allures qu'on rend les chevaux légers.

Exécuter des contre-changements de main sur le cercle.

On se conformera pour ce mouvement à ce qui a été prescrit pour les changements des cercles, en ayant soin de n'exécuter qu'un quart d'à droite ou d'à gauche au lieu d'exécuter des demi-tours entiers. Ces quarts d'à droite et d'à gauche devront être exécutés plutôt en allongeant l'allure qu'en la ralentissant.

Ce mouvement a pour but de donner plus de sensibilité dans la réponse à la demande de changement de direction.

Observation.

Dans tous ces mouvements, sauf après l'arrêt, on ne doit pas perdre le contact avec la bouche de son cheval. Ce contact doit être aussi accentué que possible pour amener le cheval à ne pas être trop léger de bouche. Il arrive, en effet, que, dans les exercices violents, on opère sur les rênes ou sur les guides, et sans s'en rendre compte, une traction plus brusque ou plus violente que celle qu'on voudrait produire. Il faut que le cheval puisse supporter ces écarts de pression, sans que cela provoque une défense de sa part ou même ne le déséquilibre.

DEUXIÈME PARTIE

. TRAVAIL A LA SELLE

Leçon du montoir.

(Voir : Étude sur le travail de selle et d'attelage. Selle. Instruction du 3e degré. Monter à cheval.)

Marcher.

Avant de se mettre en marche, il faudra familiariser son cheval avec l'appui des jambes de manière à éviter qu'à leur premier contact il ne serre la queue, ne fasse le gros dos et ne s'effraye. On laissera donc balancer le bas de la jambe en frôlant les côtes aussi loin que possible, et lorsque le cheval supportera ce mouvement sans appréhension, on le portera en avant.

Pour marcher, on élèvera un peu les mains, on fera un appel de langue et on rapprochera vivement les jambes du corps du cheval en les portant en arrière des sangles. On emploiera la cravache au besoin, mais modérément.

Aussitôt que le cheval sera en marche, on replacera les mains et les jambes.

Pendant la marche, on ralentira et on allongera l'allure.

Pour ralentir, on baissera les mains en augmentant l'appui sur les rênes. Lorsque le cheval aura obéi, on lui laissera prendre la vitesse primitive en rapprochant les jambes et les portant en arrière des sangles sans les y maintenir. On replacera les mains.

Pour allonger l'allure, on élèvera un peu les mains en les portant en avant afin d'élever la tête du cheval en diminuant l'appui sur la bouche. On donnera de petits coups de mollet et on maintiendra le cheval à cette vitesse en continuant les effets de jambe s'il la ralentit.

On reviendra à la vitesse primitive en replaçant les mains et les jambes. On évitera que le cheval ne s'arrête.

Arrêter.

Pour arrêter, on baissera les mains en serrant les doigts de manière à augmenter le point d'appui sur les rênes d'une façon moelleuse continue et progressive, et l'on portera le haut du corps en arrière.

Aussitôt le cheval arrêté, on ouvrira les doigts sans avancer les mains pour laisser faire au cheval une détente d'encolure, ainsi qu'il est expliqué.

(Voir : *Étude sur le travail de selle et d'attelage. Selle. Instruction du 3e degré. Arrêter.*

Marche en cercle à droite ou à gauche.

Pour habituer le cheval à tourner à droite et à gauche, on le mettra sur un cercle dont on proportionnera le rayon au degré d'obéissance du cheval; on ne l'y maintiendra pas longtemps, mais on exigera qu'il ne s'en écarte pas.

On le remettra souvent en ligne droite, tantôt allongeant, tantôt ralentissant l'allure, tantôt arrêtant, tantôt repartant.

Tourner à droite et à gauche.

A mesure que le cheval acquerra plus d'obéissance et de justesse dans ses mouvements, on rétrécira les cercles pour lui faire exécuter des à droite et des à gauche sur un petit rayon.

On aura soin de ne pas ralentir l'allure afin que les hanches suivent exactement la ligne tracée par les épaules, et que le cheval marche bien droit après le mouvement.

Travail au trot.

On déterminera le cheval à prendre le trot en élevant les mains, tout en faisant sentir l'effet du mors d'une façon un peu plus brusque afin que le cheval lève la tête; on répètera, en les accentuant, les coups de mollet en arrière des sangles; au besoin, on aura recours à l'appel de langue ou à la cravache.

Lorsque le cheval sera au trot, on replacera les mains et les jambes. Les mains devront rester liées à la bouche du cheval de manière à ce que celle-ci ait à supporter un appui égal et constant; il faudra donc que les rênes aient toujours la même tension, et que les poignets soient assez souples pour permettre aux mains de suivre les oscillations de la tête du cheval.

Tel sera leur rôle dans la marche directe à la même allure. Il n'en sera pas de même dans la demande de changement de vitesse, d'allure ou de direction; les mains devront au contraire s'immobiliser, exercer leur demande d'une façon ferme, progressive et continue, et ne cesser d'exercer cette demande que lorsque la réponse aura été obtenue. Ce principe est absolu pour arriver à l'obéissance complète.

On allongera et on ralentira l'allure du trot en appliquant les principes que nous avons énoncés pour allonger ou ralentir l'allure du pas.

Si le cheval prend le galop, on sciera du bridon en portant le haut du corps en arrière jusqu'à ce qu'il ait repris le trot.

Lorsque le cheval aura marché suffisamment (soit environ 4 à 5oo mètres), qu'il sera équilibré et régulier dans son allure, on le fera passer au pas en baissant les mains, augmentant la pression sur les rênes et portant le haut du corps en arrière.

Lorsque le cheval sera au pas, on allongera les rênes jusqu'à leur extrémité et on les abandonnera sur l'encolure de manière à donner au cheval la liberté d'étendre son encolure en marchant.

S'il s'écarte de la ligne droite, on le redressera en reprenant la rêne opposée et l'éloignant du corps pour donner à sa tête une nouvelle direction ; on lui fera sentir l'effet des jambes pour ne pas lui laisser ralentir son allure.

Le cheval étant redressé, on passera au trot, en reprenant les rênes, élevant les poignets et se servant des jambes, comme il vient d'être dit. On passera plusieurs fois du trot au pas et du pas au trot en appliquant les mêmes principes.

On aura toujours soin d'avancer un peu les mains au moment de se servir des jambes afin d'habituer le cheval à allonger l'encolure à la diminution de pression, à chercher le contact du mors et à se porter en avant.

Au bout de quelque temps de cet exercice, on exécutera des cercles et des demi-tours comme on l'a fait au pas.

Le cheval exécutera facilement le demi-tour qui le ramènera dans la direction de l'écurie ; mais il n'en sera pas toujours de même lorsqu'il faudra prendre la direction opposée.

S'il résiste ou s'il cherche à se dérober, en avançant l'épaule opposée on augmentera considérablement l'appui de la main sur la rêne jusqu'à ce que le cheval ait la tête complètement tournée; on la maintiendra dans cette position jusqu'à ce que le cheval ait rangé ses hanches; on appliquera de temps à autre des petits coups de mollet pour déterminer un mouvement qu'il ne pourra produire sans se redresser dans le sens voulu.

Si le cheval rue ou se cabre, ce sera un signe que la leçon à pied aura été mal donnée. On aura alors recours à un aide qui suivra un instant le cheval avec la chambrière.

Si on a affaire à un vieux cheval, on trouvera plus loin les moyens de venir à bout de ses défenses.

(Voir : *Élude sur le travail de selle et d'attelage. Selle. Instruction du 1ᵉʳ degré. Redresser un cheval qui se défend.*)

Reculer.

Pour faire reculer le cheval monté, on suivra la progression suivie au travail à pied, c'est-à-dire qu'on le fera d'abord reculer d'un pas suivi d'une détente d'encolure, puis successivement de plusieurs pas, en mettant entre chacun plus ou moins d'intervalle suivant l'obéissance et l'équilibre du cheval, et rendant la tête après chaque pas.

On devra baisser les poignets en serrant les doigts de manière à baisser la tête du cheval et dégager son arrière-main, on portera le haut du corps en arrière, on augmentera la pression sur les rênes jusqu'à ce qu'il ait reculé d'un pas, et on provoquera une détente d'encolure en ouvrant les doigts *sans avancer les mains.*

Si en reculant le cheval jette ses hanches à droite ou à gauche, on augmentera l'appui de la rêne droite ou de la rêne gauche en l'appuyant sur l'encolure jusqu'à ce que le cheval ait redressé ses hanches.

On ne devra pas, dans le reculer, se servir des jambes, dont on réservera l'emploi pour déterminer le mouvement en avant.

On ne permettra pas au cheval de reculer sans y être sollicité.

Demi-tour sur les hanches.

(Voir : *Étude sur le travail de selle et d'attelage. Selle. Instruction du 2e degré. Demi-tour sur les hanches.*)

Marche au galop.

Le cheval étant au trot, pour le déterminer à prendre le galop, on élèvera les mains à chaque temps de trot, comme pour tâter ses dispositions à s'enlever, et on donnera, en les accentuant, les coups de mollet répétés en arrière des sangles; on aura recours à l'appel de langue ou à la cravache.

Aussitôt que le cheval sera au galop, on replacera les jambes et on baissera les mains en les avançant de manière à laisser au cheval la faculté de baisser la tête en allongeant son encolure; on lui donnera un léger point d'appui pour le soutenir; on

le maintiendra à cette allure soit en se servant des
jambes, soit en élevant un peu la main.

Lorsque le cheval, après avoir galoppé 200 mètres
environ, sera équilibré dans son galop, on le mettra
au pas, la tête complètement libre, afin de ne pas
l'essouffler.

On remettra le cheval au galop pour lui apprendre
à changer de direction à cette allure ; à cet effet on
portera le poids du corps et les deux mains du côté
vers lequel on voudra le diriger, la rêne opposée
appuyée contre l'encolure à sa naissance, les doigts
serrés.

Si le cheval est bien équilibré, si le cavalier est
bien lié à lui, il changera de pied à chaque changement de direction sans que son cavalier ait à s'en
occuper.

La leçon terminée, on laissera pendant quelques
jours le cheval au repos afin de le laisser guérir des
blessures ou meurtrissures et de la fatigue occasion-
nées par ce travail.

Au bout de ce temps, on lui donnera la même leçon
en insistant moins sur le travail à pied et davantage sur le travail monté.

OBSTACLES.

Quelle que soit la destination que l'on réserve au cheval de selle, il est toujours bon de le mettre d'abord sur des petits obstacles, ce qui le rend droit et obéissant, assouplit son caractère et le raffermit dans son dressage. On élèvera plus tard ces obstacles si on le destine à un ouvrage qui en comporte de sérieux.

Si, après avoir répété une deuxième fois la leçon à pied, le cheval ne montre pas trop de lassitude, on le conduira entre les guides sur ces petits obstacles.

On se procurera une haie de bruyères ou une barre de bois de couleur vive. On les placera dans le paddock où on aura déjà exercé l'animal. La haie devra avoir 0^{m}80 de haut environ; la barre sera placée à 0^{m}60 au-dessus du sol.

On commencera par faire sauter ces obstacles par terre, on les élèvera successivement jusqu'à la hauteur voulue.

On mettra le cheval en cercle à gauche, en dehors de l'obstacle; au bout de quelques tours, on s'en rapprochera de manière à se trouver à un moment donné sur son prolongement à une distance de 2 ou 3 mètres de son extrémité. On fera allonger l'allure au cheval pendant le demi-cercle qu'il lui reste à parcourir, et au moment où il arrivera sur l'obstacle, on lui fera entendre le fouet ou on l'excitera de la voix.

On l'arrêtera aussitôt l'obstacle passé, afin de ne pas l'essouffler et de lui laisser reprendre le calme nécessaire à toute instruction. On recommencera à le faire sauter à plusieurs reprises jusqu'à ce qu'il saute franchement et sans hésiter, l'arrêtant toujours après le saut.

Lorsqu'on aura répété le même travail à main droite, on fera exécuter au cheval monté divers mouvements aux différentes allures, puis on lui fera sauter, monté, les mêmes obstacles.

On arrivera à une vingtaine de mètres en face de l'obstacle ; on prendra le galop qu'on allongera en se servant des jambes et en élevant et baissant successivement les mains à chaque foulée de galop ; lorsqu'on sentira le cheval décidé à sauter, on ne bougera plus les mains.

On maintiendra le cheval droit pendant le saut, tout en suivant sa tête avec les mains pour lui laisser allonger l'encolure, ce que j'ai entendu exprimer à un entraîneur anglais (le vieux Jennings), en disant : « *Tenez la tête, lâchez le cheval* », et on le recevra sur la main sans l'abandonner, afin de ne pas lui donner d'à-coups sur la bouche après le saut.

Si le cheval cherche à se dérober, on le maintiendra d'abord en sciant du bridon.

Si cette mesure est insuffisante, on appuiera fortement sur la rêne opposée à celle du côté où il cherche à se dérober jusqu'à ce qu'il ait obéi, et on le poussera dans les jambes aussitôt qu'il sera redressé. Mais on n'en viendra pas là si la leçon à pied a été bien donnée. En aucun cas il ne faut céder au cheval, et si le cavalier ne se sentait pas maître de lui, il faudrait baisser l'obstacle ou même le lui faire sauter par terre.

Lorsque l'on aura confirmé le cheval dans son dressage et qu'on lui aura donné de la condition, comme il sera expliqué plus bas, on le mènera à l'extérieur pour lui faire sauter de nouveaux obstacles.

On ne le présentera au début que devant des obstacles qu'on sera sûr de lui faire passer; on les lui fera plusieurs fois sauter de suite en allongeant l'allure; on ne le présentera devant de plus forts obstacles qu'à mesure que sa confiance, ses forces et son adresse augmenteront.

La première fois qu'on présentera à un cheval un fossé plein d'eau, il sera bon de le faire précéder d'un autre cheval, afin de lui donner confiance; on s'exposerait sans cela à une lutte dans laquelle on pourrait avoir le dessous, tant cet objet effraie quelquefois les jeunes chevaux [1].

---

1. Je ne saurais mieux faire que de conseiller à mes lecteurs de consulter, pour ce dressage, la progression très bien exposée par le comte R. de Gontaut-Biron, dans son ouvrage sur *Le travail à la longe.*

TRAVAIL A L'ATTELAGE

Des traits.

. On peut employer, pour habituer les jeunes chevaux à la traction du collier, l'usage vulgaire qui consiste à se servir de longs traits attachés à une barre de bois, sorte de palonnier, sur lequel on fait opérer par un aide, pendant la marche, une résistance proportionnée à la force et à la franchise de l'animal. On lui donne en même temps la direction avec les guides; au bout de dix minutes ou un quart d'heure environ, le cheval doit s'appuyer franchement sur le collier.

On le met ensuite entre les brancards; on le caresse pour le rassurer.

S'il fait des difficultés, on peut le dételer et l'atteler de nouveau plusieurs fois de suite; ce moyen réussit toujours, même avec des vieux chevaux.

Lorsque le cheval est calme entre les brancards on le porte en avant.

Marcher.

On se placera autant que possible sur un terrain roulant, plutôt légèrement incliné, pour déterminer pour la première fois le cheval à se porter en avant.

Si on craint que le cheval ne parte pas franchement, on le fera tenir par un aide qui passera une longe sous le montant de têtière au-dessus de la muserolle et marchera ainsi un instant en guidant le cheval. Le conducteur se mettra progressivement en contact avec la bouche de son cheval, et lorsqu'il sera assuré que celui-ci répond à l'action de ses guides, l'aide l'abandonnera en retirant la longe, comme il a été dit pour le travail à pied.

Arrêter.

Pour arrêter, on se conformera exactement à ce qui a été prescrit au travail à pied, en ayant soin d'agir avec progression et fermeté, et de ne rendre la liberté à la tête et à l'encolure que lorsque le cheval aura obéi et sera complètement arrêté.

Après avoir arrêté son cheval et lui avoir laissé faire une détente d'encolure, on le fera marcher assez longtemps sur une route droite, afin de le familiariser avec l'appui du collier et de lui permettre de se rendre compte qu'il est parfaitement maître du poids.

Demi-tours.

Lorsqu'on aura suffisamment marché et que le cheval sera en confiance, on exécutera un demi-tour. On aura remarqué, dans le travail à pied, que le cheval obéit plus volontiers d'un côté que de l'autre. On choisira ce côté-là pour exécuter le premier demi-tour. A cet effet, on gagnera du terrain vers le côté opposé de la route, et on déterminera son cheval à exécuter ce mouvement en lui faisant sentir l'effet de la guide du même côté.

Si dans son inexpérience du brancard le cheval rend la tête sans gagner du terrain vers le même côté, on le fera seconder par l'aide qui poussera sur lui le brancard opposé.

Le mouvement terminé, on portera le cheval en avant.

On exécutera un second demi-tour du même côté pour faire de nouveau face au côté opposé à l'écurie, et on recommencera ce mouvement en l'entrecoupant de marches directes, jusqu'à ce que le cheval l'exécute sans le secours de l'homme.

Pour exécuter un demi-tour du côté opposé à celui auquel on vient de le faire, on suivra les mêmes principes, mais en observant de faire exécuter ce nouveau demi-tour en retournant vers l'écurie; on ne le répétera en s'éloignant de l'écurie que lorsque le cheval l'exécutera facilement.

On confirmera le cheval dans ces divers mouvements en les exécutant souvent et les entrecoupant de marches au pas, de temps d'arrêt et de marches au trot.

Trotter.

Pour faire trotter son cheval, on l'activera par des appels de langue et de légers coups de fouet, en ayant soin de lui donner des guides pour lui laisser allonger son encolure pendant les premiers efforts et jusqu'à ce qu'il ait pris le trot; on reprendra alors la pression normale sur les guides de manière à être toujours en communication avec lui.

Reculer.

On se conformera pour le reculer à ce qui a été prescrit au travail à pied. On reculera les premières fois sur un terrain légèrement incliné, de manière à ce que le cheval ait peu d'efforts à faire pour mettre la voiture en mouvement; on reculera ensuite sur un terrain horizontal mais roulant; on intercalera ce travail de marches en avant. On évitera, après avoir reculé, de se remettre en marche sans marquer un temps d'arrêt sensible.

Attelage à deux.

Chacun des deux chevaux ayant travaillé isolément et ayant exécuté une ou plusieurs fois les deux parties de la leçon, on les exercera, avant de les mettre au timon, à exécuter ensemble et en guides les mouvements de marcher, tourner à droite et à gauche et arrêter. On les attellera ensuite à une voiture légère et on les habituera à partir, à changer d'allure, à tourner à droite et à gauche, à s'arrêter et à reculer.

Lorsqu'ils auront acquis de la confiance dans ce travail à deux et qu'ils marcheront avec ensemble, on le répètera en bride en exigeant plus de justesse et de légèreté.

La première leçon terminée, on laissera pendant quelques jours, comme je l'ai dit pour la selle, le cheval au repos, afin de le laisser guérir des blessures, meurtrissures et de la fatigue occasionnés par ce travail.

Au bout de ce temps, on lui donnera la même leçon, en insistant moins sur le travail à pied et davantage sur le travail attelé.

DÉFENSES

Telle est la progression à suivre; j'en ai indiqué la marche et la manière, mais je n'ai point parlé des défenses que les chevaux peuvent opposer et qu'il est indispensable de maîtriser sur-le-champ.

Je ne saurais mieux faire pour les signaler et indiquer les moyens d'en triompher que de donner le récit détaillé d'une des expériences que j'ai faites sur quatre jeunes juments de pur sang qui n'avaient jamais porté ni selle ni harnais; j'ai pu arriver à les atteler ensemble en une seule journée et à les avoir bien franches dans les traits, calmes, obéissantes et légères à la main.

Tel est l'exemple que j'ai signalé plus haut et qui fait l'objet du titre de la première édition.

L'exemple que je vais donner se rapportera autant au dressage du cheval monté que du cheval attelé, en ce qui concerne les défenses qui se produisent pendant la première partie de la leçon (le travail entre les guides.) Il met aussi en relief une partie des défenses du cheval attelé; quant aux défenses du cheval monté et du moyen d'en triompher, elles feront l'objet d'un des chapitres de l'étude sur le travail de selle.

Après avoir fait mettre les harnais sur la première jument, *La Humadette,* l'avoir fait conduire sur l'emplacement réservé à cet exercice, j'ai pris les guides et j'ai donné l'ordre à l'aide qui l'avait amenée de l'abandonner.

Aussitôt abandonnée par l'homme, la jument s'est arrêtée. J'ai fait un appel de langue auquel elle n'a pas répondu; j'en ai fait un second, et je l'ai fait suivre d'un claquement de fouet; elle a fait un mouvement brusque en avant, puis, au bout de trois ou quatre pas, s'est de nouveau arrêtée. J'ai renouvelé mon appel de langue suivi d'un nouveau coup de fouet, mais en appuyant cette fois la mèche sur le flanc de la jument; elle s'est précipitée en avant en bondissant; je l'ai suivie, la contenant des guides jusqu'à ce qu'elle se soit mise au trot; je l'ai maintenue quelques pas à cette allure en appuyant sur la guide gauche, de manière à la déterminer à marcher en cercle à gauche.

A peine eut-elle commencé d'entrer dans cette direction qu'elle se retourna brusquement à gauche pour me faire face, en jetant ses hanches à droite. Je la soutins énergiquement de la guide droite qui longeait la cuisse droite, afin de l'empêcher de continuer son mouvement. Cette double pression trop forte des deux guides l'obligea à s'acculer, à se cabrer et à se renverser.

Relevée, sous l'impression d'une sorte d'ahurissement, *La Humadette* n'a plus bougé. Je l'ai laissée quelques instants ainsi, pendant qu'elle se remettait de son émotion; puis, je me suis placé lentement derrière elle, égalisant mes guides sans la brusquer. Au bout d'un instant, j'ai fait un appel de langue, en lui passant légèrement la mèche sur la croupe ; la jument s'est mise au trot, marchant droit devant elle, et je l'ai suivie comme je l'avais fait précédemment.

J'ai de nouveau appuyé sur la guide gauche pour la déterminer à marcher en cercle à gauche, ce qu'elle a fait pendant un moment ; mais, à peine eut-elle parcouru un cercle entier, qu'elle se prit à recommencer sa volte-face à gauche. Je la soutins énergiquement de la guide droite, mais en abandonnant presque entièrement la guide gauche et lui appliquant un vigoureux coup de fouet sur la croupe.

La jument se porta d'un bond en avant en se redressant à droite, et je la suivis en égalisant mes guides et la modérant jusqu'à ce qu'elle eut pris le trot. Je n'eus pas de peine à la mettre et à la maintenir en cercle à gauche ; chaque fois qu'elle tentait de s'arrêter ou de se retourner, un léger coup de fouet d'abord, un appel de langue ensuite suffisaient pour lui faire reprendre son allure et sa direction. J'obtins ainsi, en quelques minutes, de lui faire suivre régulièrement et uniformément un cercle à main gauche autour de moi, la dirigeant de la guide gauche, la soutenant de la guide droite, la maintenant à la même allure par des appels de langue ou de légers coups de fouet lorsqu'elle la ralentissait, par la pression égale des deux guides lorsqu'elle l'allongeait.

Quand je jugeai qu'elle prenait confiance et qu'elle obéissait à la pression des guides, je cherchai à l'arrêter de la voix en augmentant aussi la pression d'une façon égale sur les deux guides. Elle ralentit son allure. Je donnai l'ordre à l'homme de se placer à sa tête et de l'arrêter en la caressant sur la face. Je me plaçai alors lentement derrière elle, les guides tendues, en lui parlant toujours, et quand elle fut complètement arrêtée et d'aplomb sur ses quatre pieds, je m'avançai d'un pas, de manière à ce que les guides touchant par terre la jument pût avoir la liberté d'étendre son encolure sans trouver de résistance sur la bouche. J'attendis ainsi quelques instants; elle ne tarda pas à baisser et à allonger la tête en cherchant son mors et à prendre une attitude calme. Je la fis caresser sur l'encolure.

Je renouvelai plusieurs fois les mêmes mouvements : partir, marcher en cercle à gauche, arrêter, allonger l'encolure, repartir, etc.

Après l'avoir fait de nouveau repartir, comme précédemment, par un appel de langue, j'essayai de la faire marcher à main droite. Elle m'obéit d'abord, mais au bout d'un tour de cercle elle jeta brusquement ses hanches à gauche pour me faire face. J'avançai d'un pas pour rendre la main et éviter qu'elle ne recommençât à s'acculer, se cabrer et se renverser; mais cette fois elle se prit à tourner sur elle même en enroulant les deux guides autour de ses quatre jambes, jusqu'à ce que, se trouvant prise, elle dut s'arrêter sous le coup d'une nouvelle émotion. Je ne bougeai point pendant un instant, et lorsque je fus sûr que je ne l'effrayerais pas, je me mis à tourner en sens inverse, les guides tendues, de manière à les dérouler; cette opération terminée, je portai ma jument en avant et de nouveau en cercle à droite. Elle essaya encore une fois de m'échapper de la même manière, en enroulant les guides autour de ses jambes; mais elle y renonça bientôt et devint aussi docile en marchant à main droite qu'en marchant à main gauche.

J'avais obtenu un bon résultat : je l'arrêtais, la faisais repartir, la mettais en cercle à droite, en cercle à gauche, lui faisais changer de cercle sans qu'elle cherchât à se soustraire à ma volonté ou à changer d'allure.

Je lui laissai un moment de repos avant de passer à la leçon de reculer.

Pour obtenir ce mouvement, je me suis d'abord placé exactement derrière ma jument; j'ai repris mes guides en les égalisant, et j'ai produit un léger appui sur la bouche de manière à replacer sa tête, éveiller son attention et la préparer à obéir à ma volonté. J'ai augmenté la pression jusqu'à ce que l'animal se soit déterminé soit à faire un pas en arrière, soit à replier son encolure vers le poitrail et à résister ainsi à ma pression par le poids de son corps; c'est ce dernier effet qui s'est produit chez elle.

Je n'ai point insisté : j'ai rendu la main jusqu'au point où j'avais commencé la pression, puis je me suis porté de deux pas vers la gauche en augmentant la pression faiblement sur la guide gauche, fortement sur la guide droite. Ma jument n'a pas plus cédé qu'elle n'avait fait la première fois, mais elle a légèrement dévié sa tête à droite, portant une partie du poids de son corps sur la bouche. J'ai continué mon mouvement vers la gauche en fixant bien mes mains et maintenant la même pression jusqu'à ce que ma jument eût la tête complètement dirigée à droite, la guide droite tendue le long de la fesse droite. Je suis resté dans cette position en immobilisant les mains; plus patient qu'elle, j'ai attendu qu'elle eût jeté ses hanches à gauche. Ce mouvement obtenu, j'ai rendu la main en avançant d'un pas, je lui ai laissé la liberté d'allonger son encolure.

J'ai repris ensuite ma place exactement derrière ma jument. J'ai placé sa tête, j'ai fixé son attention et j'ai augmenté la pression des guides : celle de droite faiblement, celle de gauche fortement, en me dirigeant vers la droite jusqu'à ce que j'aie pu amener sa tête à gauche, une partie du poids de son corps appuyé sur la bouche, la guide gauche tendue le long de la fesse gauche; j'ai attendu dans cette position, les mains immobilisées, qu'elle eût jeté ses hanches à droite. Ce mouvement obtenu, j'ai rendu la main en avançant d'un pas, et je lui ai laissé allonger l'encolure.

J'ai fait exécuter plusieurs fois ces deux mouvements à droite et à gauche jusqu'à ce que, à la pression de la guide sur l'une ou l'autre fesse, la jument déplaçât ses hanches; au fur et à mesure qu'elle devenait plus docile, je prolongeais le mouvement et j'augmentais de plus en plus ma pression sur les guides de manière à obtenir forcément un léger recul pendant le déplacement des hanches; chaque fois que j'obtenais une concession de sa part, j'arrêtais et je rendais.

J'arrivai à faire reculer l'animal d'un pas sans déplacer ses hanches, arrêtant et rendant après chaque reculé. J'obtins ensuite un reculé beaucoup plus long, et je continuai cet exercice, tantôt l'arrêtant après chaque mouvement, tantôt la portant en avant après l'arrêt.

J'entrecoupai ces mouvements de cercles à droite et à gauche de changements de cercles, jusqu'à ce que j'aie pu obtenir d'une façon complète l'obéissance, le calme et la sensibilité.

Je me suis conformé, pour donner la leçon du collier, aux principes prescrits plus haut, sans avoir eu de résistances à vaincre.

Enfin, il s'est agi de mettre *La Humadette* entre les brancards.

J'ai une solide voiture à deux roues; les brancards

en sont bien écartés et elle possède un puissant frein à levier. On peut y monter facilement par derrière, le panneau postérieur s'enlevant en entier.

J'ai fait mener cette voiture sur un plan légèrement incliné, et j'y ai conduit ma jument, après avoir remplacé les traits et les guides de tandem par des traits et des guides ordinaires.

On l'a attelée avec précautions ; je suis monté sur mon siège. L'homme avait repris sa longe et l'avait passée dans le montant de gauche de la bride, au-dessus de la muserolle ; j'ai pris discrètement les guides, j'ai fait un appel de langue, et la jument s'est portée en avant, précédée de l'homme qui la guidait. Elle a hésité quelques pas, tantôt allongeant, tantôt raccourcissant l'allure, et quand j'ai vu qu'elle n'était plus étonnée du bruit de la voiture, j'ai fait un second appel de langue qui l'a déterminée à prendre le trot, toujours précédée de l'homme. J'ai fait ainsi deux fois le tour d'une petite allée circulaire, et la seconde fois je me suis arrêté au point de départ. Pendant le trajet, l'homme s'était tenu d'abord à la hauteur de la tête de la jument, puis s'était placé à hauteur de l'épaule, de manière à poser la main droite, qui tenait l'extrémité de la longe, sur le brancard de gauche.

Avant de repartir, j'ai fait enlever la longe. L'homme est resté à sa place, à hauteur de l'épaule, et j'ai parcouru de nouveau la même allée circulaire ; l'homme a abandonné peu à peu sa place et

est monté derrière moi sur la voiture, la main à portée du levier du frein.

J'ai abandonné alors sans m'arrêter l'allée circulaire et j'ai suivi la route. J'ai mis *La Humadette* à
une bonne allure, et lorsqu'elle a été en pleine confiance, je l'ai mise au pas sans difficulté. La voyant
calme, j'ai songé à faire un demi-tour.

Le demi-tour sur place est le grand écueil du dressage à un cheval.

J'avais remarqué que, pendant le cours des deux
premières parties de la leçon, *La Humadette* obéissait plus volontiers à la guide droite qu'à la guide
gauche. C'était donc à droite qu'il fallait exécuter le
premier demi-tour. Je l'ai dirigée toujours au pas
vers la gauche, et je lui ai fait suivre ainsi le côté
gauche de la route. J'ai fait descendre l'homme, qui
s'est placé à gauche de la jument, à hauteur de l'é-
paule, prêt à l'aider en la poussant avec le brancard
si elle n'exécutait pas le mouvement que je lui de-
mandais.

J'ai appuyé sur la guide droite en faisant plusieurs
appels de langue, rendant et reprenant ma guide
chaque fois que j'avais obtenu un mouvement vers
la droite. La jument a tourné sans le secours de
l'homme. Le mouvement terminé, je l'ai portée franchement en avant au trot.

Après l'avoir remise au pas et avoir marché quelques minutes à cette allure, j'ai de nouveau incliné
vers la gauche et je lui ai fait exécuter un demi-

tour à droite. Je me suis remis ainsi dans la direction opposée à l'écurie.

Arrivé à l'endroit où j'avais exécuté le premier demi-tour à droite, je me suis préparé à exécuter un demi-tour à gauche; j'ai pris le côté droit de la route, j'ai fait descendre l'homme, que j'ai placé à droite de la jument, et j'ai appuyé sur la guide gauche en faisant plusieurs appels de langue, rendant et reprenant ma guide chaque fois que j'avais obtenu un mouvement vers la gauche. Comme je m'y attendais, la jument n'a pu terminer le mouvement sans le secours de l'homme. Celui-ci l'a poussée vers la gauche; le mouvement terminé, je l'ai portée franchement en avant au trot.

J'ai continué de faire successivement plusieurs demi-tours, intercalés de marches en avant, tournant à droite lorsque je marchais dans la direction de l'écurie, à gauche lorsque je marchais en sens inverse, et enfin toujours à gauche.

Quand je fus satisfait de l'exécution de chacun des mouvements et que *La Humadette* eut tourné à droite et à gauche sans que la roue de droite ou de gauche changeât de place, je repris définitivement la direction de l'écurie. Je marchais tantôt au pas, tantôt au trot, j'arrêtais et je repartais par temps; lorsque je montais une pente de peu d'inclinaison, je faisais reculer ma jument, d'abord d'un pas, et je repartais, puis successivement de plusieurs. Je recommençais ensuite en plaine.

J'arrivai ainsi dans la cour de l'écurie; je pris mon tournant comme si j'avais eu affaire à un vieux cheval, et je fis reculer ma voiture attelée dans la remise.

On prit pour garnir la seconde jument *Sonnette* les mêmes précautions que pour garnir *La Humadette;* elle accepta les harnais de la même manière que celle-ci.

J'ai suivi avec cette jument la progression que j'avais adoptée avec la première; je l'ai fait conduire en main dans la même prairie. Aussitôt abandonnée, je l'ai portée en avant par un appel de langue et un léger coup de fouet. Je l'ai mise en cercle à droite, puis je me suis disposé à lui faire exécuter des changements de cercles.

Pendant un de ces changements de cercles, ma guide s'est prise sous la queue de *Sonnette* qui l'a serrée aussitôt et s'est mise à ruer violemment.

Je l'ai laissée ruer, la portant toujours en avant sur le cercle jusqu'à ce qu'elle eut cessé spontanément. Je l'ai alors arrêtée; je me suis placé derrière elle, à la distance que m'imposait la longueur de mes guides, et j'ai tiré à moi la guide prise, jusqu'à ce que par sa tension elle eut forcé la queue à se soulever et qu'elle retombât ensuite entre les deux guides.

J'ai de nouveau porté ma jument en avant, en lui faisant exécuter plusieurs changements de cercle; je tâchais de lui faire passer la guide sous la queue chaque fois que j'en avais l'occasion. *Sonnette* a rué encore une ou deux fois, et au bout de quelque temps a paru complètement indifférente à la place que pouvaient occuper les guides. Je les laissais flotter le long des jarrets et des canons quand elle marchait au pas devant moi.

La leçon du reculé a été acceptée par cette jument sans résistance et sans défense. Dès que j'ai pu égaliser mes guides et les appuyer légèrement sur la bouche de manière à lui placer la tête, j'ai augmenté la pression en maintenant mes mains bien fixes. Elle a reculé sans difficulté d'un pas. Je me suis porté en avant en lui rendant la main pour lui laisser allonger l'encolure; je l'ai, de la même manière, fait reculer d'un autre pas, puis de deux et de plusieurs, rendant toujours la main chaque fois qu'elle exécutait un pas en arrière. J'ai continué cet exercice, tantôt arrêtant la jument, tantôt la faisant repartir après le mouvement de recul, et je l'ai entrecoupé de cercles à droite et à gauche et de changements de cercles jusqu'à ce que j'aie obtenu, comme pour *La Humadette*, l'obéissance, le calme et la sensibilité.

La leçon du collier a suivi comme précédemment celle du mouvement en avant, du changement de direction et du reculé, sans demander plus de temps ni présenter plus de difficultés.

Il en a été de même de la leçon du brancard, sauf pour le demi-tour à gauche. *Sonnette,* après s'être portée en avant et s'être habituée au roulement de la voiture, à la traction au pas et au trot sur la ligne

droite, et après avoir tourné à droite, refusa d'exécuter son demi-tour à gauche. J'obtins d'abord près
d'un quart de tour, mais elle hésita, essayant de
reculer ou de se cabrer, se jetant à droite à chaque
demande.

Je n'insistai pas; je la remis dans la direction que
je venais d'abandonner, la redressant avec la guide
droite, et je continuai ma route jusqu'à la rencontre
d'un carrefour assez large pour pouvoir évoluer
facilement.

Je me mis sur ce carrefour en cercle à droite, puis
en cercle à gauche, en ayant soin de changer de cercle de manière à tourner la tête de ma jument du
côté de l'écurie, et je renouvelai plusieurs fois ce
changement de cercle. Je rétrécissais de plus en
plus les cercles à gauche et je portais ma jument en
avant ou je la tournais à droite chaque fois que je
prévoyais une résistance de sa part.

J'arrivai ainsi, en changeant de cercles, à exécuter
un quart de tour de pied ferme, puis plus d'un quart
de tour, enfin un tour complet, après lequel je portai
ma jument en avant.

Lorsque ces divers mouvements furent exécutés
d'une façon satisfaisante, je repris la route de l'écurie. Je marchais comme précédemment, tantôt au
pas, tantôt au trot; j'arrêtais, je repartais, je faisais
reculer ma jument. Arrivé dans la cour de l'écurie,
je tournai à gauche et remisai ma voiture attelée.

A *Sonnette* succéda *Guislein*. *Guislein* ne se défendit pas au harnais; elle se porta en avant et se mit en cercle à gauche sans se cabrer ni se renverser; mais comme elle s'était irritée et que je voulais la porter en avant, elle rua au fouet. Je n'essayai pas de la corriger par un nouveau coup de fouet, ce qui n'aurait pu que la faire ruer davantage; mais je m'abstins complètement, pendant toute la leçon, de lui passer la mèche sur l'arrière-main. Quand je le croyais nécessaire, je la fouettais sur les jambes de devant, à la pointe de l'épaule ou sur l'encolure, le plus en avant possible lorsque j'étais sur ma voiture. J'avais eu un cheval qui ne supportait pas le fouet sur l'arrière-main au début de sa leçon. Comme pour *Guislein*, je m'étais abstenu de l'attaquer sur cette partie. Ce ne fut que vers la fin du travail que je lui passai la mèche sur la croupe, légèrement d'abord, puis plus fort, jusqu'à ce qu'il eut répondu sans se défendre.

Guislein s'est mise en cercle à droite et à gauche, a changé de cercle, a allongé son encolure, a reculé et a pris le collier sans difficultés. Elle a été mise entre les brancards, a traîné au pas et au trot, s'arrêtant et repartant, a exécuté ses demi-tours à droite et à gauche, a reculé sans grande résistance et sans défense.

Lorsque je suis revenu dans la cour de l'écurie et qu'après avoir tourné j'ai voulu remiser ma voiture, *Guislein* a fait des difficultés; elle exécutait son mouvement de recul en se jetant un peu à droite, de sorte que la voiture, en reculant, prenait une fausse direction ; quand je voulais la redresser de la guide gauche, elle continuait à reculer en se jetant encore plus vers la droite ; j'étais obligé de la reporter en avant et de lui faire exécuter sur place un quart de tour à gauche, et de reculer de nouveau. Elle reculait toujours en se jetant à droite. J'ai eu beaucoup de peine à la résoudre à reculer droit ou en appuyant à gauche ; j'ai dû la tenir une demi-heure environ à cet exercice, la faisant avancer, tourner à gauche, reculer d'un pas, avancer de nouveau, et ainsi de suite jusqu'à l'exécution régulière.

Enfin *Syntaxe* a subi à son tour l'épreuve du dressage. Elle a commencé à se défendre lorsqu'on a voulu lui mettre la croupière. Sur mon ordre, on n'a pas fait de nouvelles tentatives. Je l'ai donc fait conduire, la croupière pendante, dans la prairie où j'avais exercé les autres juments. Je lui ai donné la première partie de la leçon comme aux autres ; mais chaque fois que je l'arrêtais, je la faisais caresser d'abord sur le dos et sur la croupe, puis le long des cuisses jusqu'au jarret, puis le long de la queue ; l'aide lui levait la queue, la laissait retomber et l'a enfin passée dans la croupière. Après avoir fait travailler la jument avec la croupière, je la lui ai fait enlever et remettre plusieurs fois de suite.

Après les marches en cercle et les changements de cercles, je lui ai donné la leçon de reculer, puis celle du collier.

Lorsque je suis arrivé à la leçon du brancard, *Syntaxe* n'a pas su s'habituer tout de suite au mouvement de la voiture ; ses hésitations n'ont fait qu'augmenter, elle avançait et reculait dans le jeu que lui laissaient les traits, prête à se cabrer ou à ruer si on l'avait frappée ; elle refusait de tirer.

Je l'ai aussitôt fait dételer, et j'ai recommencé à lui donner la leçon du collier en insistant davantage.

Je l'ai attelée de nouveau à l'endroit désigné déjà et je l'ai fait partir au grand trot, tenue par la longe et précédée de l'homme ; au bout de quelques pas, elle s'est arrêtée. Je l'ai alors fait reculer avec le secours de l'homme qui était à sa tête, aussi longtemps qu'elle a pu le supporter sans se défendre, puis je l'ai de nouveau portée en avant au trot. Je l'ai arrêtée des guides et de la voix avant qu'elle ne s'arrêtât d'elle-même, et je l'ai encore fait reculer. Je l'ai fait repartir au trot, et au bout de quelques pas je lui ai appliqué deux coups de fouet sur les épaules.

J'ai continué la leçon sans trop exiger d'elle, pour ne pas la brusquer, et je suis rentré à l'écurie après avoir tourné dans ma cour et remisé ma voiture comme avec les autres juments.

Ce travail avait duré moins de deux heures en moyenne par animal, non compris les moments de repos.

J'avais rencontré chez ces juments toutes les résistances et toutes les défenses que l'on peut trouver chez les jeunes chevaux. J'en avais triomphé comme j'avais triomphé de celles que m'avaient opposées tous ceux que j'ai eus entre les mains ; j'ai expliqué sur quels principes je m'étais basé.

Toutes les résistances ou défenses que l'on trouve chez les jeunes chevaux sont les suivantes :

Le cabré et le renversé. La difficulté de reculer.	*La Humadette.*
La ruade à la guide. La difficulté de tourner sur place.	*Sonnette.*
La ruade au fouet. La difficulté de reculer droit.	*Guislein.*
La ruade à la croupière. La difficulté de prendre le collier.	*Syntaxe.*

Il est à remarquer que sur quatre animaux, trois ont offert, pour tourner, une résistance plus grande d'un côté que de l'autre ; pour tous les trois, le côté gauche a été le plus rebelle.

..... J'ai ensuite attelé *La Humadette* et *Sonnette* ensemble, je les ai fait garnir et je les ai placées côte à côte, puis j'ai passé aux anneaux des colliers des guides à fourche, comme si les juments étaient complètement attelées à un timon. Les guides de main étaient de la longueur des guides de volée à quatre.

J'ai fait placer un homme à la tête de chaque jument, en dehors, et tenant chacun une longe passée dans le montant de la bride, au-dessus de la muserolle. Je me suis placé moi-même en arrière de mes juments, de la longueur des guides.

Sur un appel de langue, les juments se sont portées en avant, chaque homme marchant à hauteur de leur tête. J'ai suivi ainsi l'allée circulaire dont j'ai fait plusieurs fois le tour; les hommes, sur mon ordre, ont abandonné les juments lorsque j'ai vu qu'elles commençaient à se familiariser l'une avec l'autre. J'ai eu de la peine à maintenir à la fois mes juments droites et à une allure égale; tantôt l'une d'elles se précipitait en avant tandis que l'autre s'arrêtait, et lorsque je fouettais celle-ci pour la faire avancer, c'est elle qui se portait trop vivement en avant pendant que l'autre, répondant à la traction forcée des guides, s'arrêtait à son tour; tantôt elles s'écartaient l'une de l'autre, tantôt elles se rapprochaient violemment et se heurtaient ainsi l'une contre l'autre. Ce ne fut qu'au bout d'un certain temps de marche en avant sur l'allée circulaire que je pus obtenir assez d'ensemble pour les mener dans la prairie. J'ai pu alors les mettre en cercle à droite, comme je l'avais fait isolément pour chacune d'elles, puis en cercle à gauche. Je les ai fait changer de cercle, j'ai répété ces mouvements au trot; je les faisais de temps à autre passer au pas, arrêter et repartir, afin d'obtenir un départ bien égal.

Je les ai fait ensuite reculer. J'avais eu soin de raccourcir préalablement mes guides jusqu'à ce que je sois à un mètre environ de leur croupe, et je baissais les mains de manière à envelopper les juments avec les guides qui longeaient : celle de gauche, la cuisse de gauche de la jument de gauche, celle de droite, la cuisse droite de la jument de droite.

J'attelai ensuite ces deux juments à une voiture à quatre roues, dont le siège était assez élevé pour conduire à quatre, mais qui était assez légère pour être menée par deux chevaux. Je fis un ou deux kilomètres sur la route, je retournai, et j'arrivai dans la cour de l'écurie où je reculai quelques pas à plusieurs reprises, reportant chaque fois mes juments en avant.

Cette leçon à deux n'avait guère duré plus de trois quarts d'heure.

Je donnai exactement la même leçon à *Guislein* et à *Syntaxe*. Pas plus que les deux premières, elles n'opposèrent de résistance ni de défense. Aucune d'elles n'opposa la ruade au choc qu'elles se donnent en se rapprochant violemment l'une de l'autre. Cette défense se présente fréquemment ; il faut alors agir avec beaucoup de précautions, surtout dans le travail en cercle. Il faut mettre en dehors des premiers cercles l'animal qui rue, afin que, se trouvant en arrière de l'autre, il ne puisse le toucher et éviter autant que possible qu'ils ne se heurtent l'un contre l'autre. Cette défense ne se produit généralement plus lorsque les chevaux sont séparés par un timon.

Je fis enfin atteler mes quatre juments ensemble :
La Humadette et *Sonnette* au timon, *Syntaxe* et
Guislein en volée, et je fis une promenade d'une
heure environ, pendant laquelle je faisais facilement
passer mes quatre chevaux du pas au trot et du
trot au pas, allongeant ou raccourcissant l'allure; je
les faisais appuyer à droite et à gauche de la route,
arrêter et repartir. Je gagnai un endroit spacieux
où je les faisais tourner en cercle et exécuter des
huit de chiffre au pas et au trot.

COMPLÉMENT

La leçon ayant été donnée en entier une, deux ou trois fois au plus sur des jeunes chevaux, un plus grand nombre de fois sur des chevaux à redresser, ces chevaux étant équilibrés, calmes et obéissants, il ne faudra pas en conclure qu'ils soient aptes à entrer immédiatement en service. Il faudra pour cela les *confirmer* dans les leçons qu'ils auront reçues et les mettre en *conditions*, c'est-à-dire les amener, par un régime et un exercice progressifs, à acquérir une santé robuste et un degré de force proportionnel à l'ouvrage qu'ils auront à remplir.

On *confirmera* le cheval dans son éducation en lui donnant, monté ou attelé, des leçons courtes et fréquentes. On ne lui permettra pas de s'exciter au travail; à cet effet, on lui laissera d'abord prendre un peu plus d'ouvrage qu'on ne l'aurait fait, puis on le mettra au pas et on l'y maintiendra quelque temps. On le rentrera avant qu'il n'ait pris un excès de fatigue.

Monté, on ne cherchera jamais à le faire marcher sur deux pistes. On l'habituera progressivement à l'obéissance aux jambes pour se porter en avant, mais sans qu'elles engendrent une trop grande sensibilité. On prendra les plus grandes précautions pour faire usage de l'éperon, qui ne devra servir que pour stimuler le cheval si son ardeur faiblit, ou pour le déterminer à prendre un parti dans l'indécision. On l'y habituera progressivement; on risquerait sans cela de le ralentir ou de l'arrêter. Lorsque le cheval sera suffisamment léger et obéissant à la main en filet, mais cherchant toujours son mors, on pourra l'emboucher avec un mors de bride et un filet, et le mener sur les quatre rênes de la même manière qu'on le menait sur le filet. On emploiera, au début surtout, un mors doux.

Attelé, on ne lui laissera pas traîner un poids au-dessus de ses forces ni au-dessus de la confiance qu'il aura en elles. On l'habituera à supporter le fouet sur toutes les parties du corps sans se défendre, mais tout en se portant en avant, et on évitera de le rendre trop sensible afin d'éviter les à-coups. On ne l'embouchera avec un mors de bride que lorsqu'on l'attellera à deux.

Ce complément au dressage soit attelé, soit monté, se donnera progressivement au fur et à mesure que le cheval prendra de la condition et qu'il se *routinera* à son premier travail.

La question du régime qui mène à la *condition*

est plutôt du ressort de l'homme d'écurie que de celui du maître; mais elle exige de la part du premier des aptitudes spéciales, sans lesquelles l'homme d'écurie n'existe pas, et de la part du second une bonne direction et une grande surveillance.

Il n'existe pas de règles absolues pour mettre un cheval en *condition;* elles dépendent de la race et de l'individu, du climat, de la nature ou qualité des denrées, et enfin du genre d'ouvrage auquel le cheval est destiné.

Ainsi, les chevaux communs ne devront pas être soumis au même régime que les chevaux de sang; les chevaux délicats demanderont d'autres soins que les chevaux endurants ou voraces. Dans·les climats froids, l'hygiène devra être différente de celle des climats chauds; l'exercice et la nourriture seront différents s'il faut préparer son cheval de selle en vue des courses, de la chasse ou de la promenade, et son cheval d'attelage en vue d'un service de ville ou d'un service de route.

Il serait trop long ici d'entrer dans des détails, mais il ne sera pas inutile de donner quelques indications élémentaires.

Chez les jeunes chevaux, l'état des membres est le point sur lequel la surveillance devra le plus s'exercer. Il ne faudra pas attendre qu'une tare soit complètement déclarée pour la traiter, il faudra la prévenir. Chez les chevaux adultes dont les membres *tiennent,* il faudra s'occuper plutôt de l'état général.

Chez les vieux chevaux, les voies respiratoires demandent souvent de plus grands soins.

Les chevaux à tempérament gras et lymphatique exigeront une nourriture moins volumineuse et plus substantielle que les autres animaux; on leur donnera de fréquentes suées sans les affaiblir, tandis que ceux-ci devront avoir une nourriture rafraîchissante et travailler longtemps au pas.

Sous les climats chauds, l'emploi de l'avoine et des céréales devra être modéré; sous les climats froids, la somme totale de nourriture devra être plus considérable.

Plus un cheval est destiné à un ouvrage rapide, plus on devra alléger ses tissus en leur donnant de la densité, plus aussi la condition sera difficile à acquérir. Les chevaux de harnais devront toujours avoir plus d'état que les chevaux de selle.

Mais seuls, le maître et l'homme d'écurie seront juges du régime à donner aux chevaux lorsqu'ils auront étudié leur tempérament. Il faut, pour en juger, être doué d'aptitudes naturelles très grandes qu'on rencontre bien plus souvent chez le peuple anglais que chez nous, supériorité qui n'existe pas (sauf en ce qui concerne la monte en courses) pour l'équitation et même pour le dressage.

CONCLUSION

Lorsque l'on aura dominé son cheval en maintenant à la fois sa tête et ses hanches, lorsqu'il sera équilibré dans sa marche, lorsque, par des détentes d'encolure, il aura appris à chercher son mors, lorsqu'on l'aura confirmé dans son travail et qu'on lui aura donné une sorte de condition, je ne doute pas qu'il ne soit apte à remplir l'ouvrage auquel il est destiné, apte ainsi à rendre service à son maître en lui donnant tout l'agrément que celui-ci est en droit d'en attendre. Je ne doute pas non plus que ceux de mes lecteurs qui auront mis mes conseils en pratique n'acquièrent dans ces exercices, avec un facile maniement des rênes ou des guides, le don de la communication réciproque de la main de l'homme à la bouche du cheval, et ne trouvent à ce *toucher* une *façon* qui leur permette de *goûter* la conduite du cheval sous l'empire d'un *sentiment* peut-être jusqu'alors inconnu.

ÉTUDE

SUR LE

TRAVAIL DE SELLE & D'ATTELAGE

PROGRAMMES D'EXAMENS

DE LA SOCIÉTÉ HIPPIQUE FRANÇAISE

POUR LES

CONCOURS DE SELLE ET D'ATTELAGE

INSTRUCTION DU TROISIÈME DEGRÉ
Élèves piqueurs, élèves cochers.

Maniement du cheval : Aborder un cheval, le tenir, l'amener, l'arrêter, le faire reculer d'un pas, le placer. — Lever les pieds. — Seller et brider. — Garnir.

SELLE

Principes élémentaires pour monter à cheval (*Travail en filet*) : Tenue des rênes de bridon. — Maniement des rênes de bridon. — Monter à cheval. — Position du cavalier à cheval. — Mettre pied à terre. — Marcher, arrêter, repartir. — Tourner à gauche ou à droite en marchant. — Reculer d'un pas. — Marcher au trot.

ATTELAGE

Principes de menage à un cheval (*Travail en filet*) : Tenue et maniement des guides et du fouet. — Monter sur le siège. — Position sur le siège. — Marcher, arrêter, repartir. — Tourner à gauche ou à droite en marchant — Reculer d'un pas. — Marcher au trot.

INSTRUCTION DU DEUXIÈME DEGRÉ
Sous-piqueurs, seconds cochers.

Maniement du cheval : Faire reculer un cheval de plusieurs pas. — Le faire trotter en main.

SELLE

Monte du cheval de marche (*Travail en filet*) : Marcher, arrêter, repartir. — Trot à l'anglaise. — Allonger et ralentir le trot. — Marcher au galop. — Reculer successivement de plusieurs pas. — Demi-tour sur les hanches. — Sauts de petits obstacles.

Préparation au 1er degré (*Travail en bride*) : Tenue et maniement des 4 rênes.

ATTELAGE

Menage de route (*Travail en filet*) : Marcher, arrêter, repartir. — Allonger et ralentir le trot. — A droite et à gauche de pied ferme suivi du mouvement en avant. — Reculer successivement de plusieurs pas.

Principes du menage à deux chevaux (*Travail en bride*) : Monter sur le siège. — Tenue des guides et du fouet. — Maniement des guides et du fouet. — Marcher, arrêter, repartir. — Tourner à droite ou à gauche en marchant.

INSTRUCTION DU PREMIER DEGRÉ
Piqueurs et Cochers.

SELLE

Monte du cheval de chasse en vue de sa préparation (*Travail en bride sur les 4 rênes*) : Marcher, arrêter, repartir. — Allonger et ralentir le trot et le galop. — Demi-tour sur les hanches. — Reculer. — Sauts d'obstacles (0^m,90^c environ). — Redresser un cheval qui se défend.

ATTELAGE

Menage de ville à un cheval (*Travail en bride*) : Marcher, arrêter, repartir. — Allonger et ralentir l'allure. — A droite ou à gauche de pied ferme. — Remiser. — Maniement des guides de sûreté et leur usage.

Menage de ville à deux chevaux : Marcher, arrêter, repartir. — Allonger et ralentir l'allure. — A gauche ou à droite de pied ferme. — Remiser. — Redresser un cheval qui se défend.

INSTRUCTION POUR LE BREVET DE CAPACITÉ
Propriétaires, Directeurs d'Écoles d'Équitation et de Menage, Chefs d'écurie.

SELLE

Équitation de parc ou de promenade (*Travail en bride*) : Marcher, arrêter, repartir. — Trot actionné. — Départ au galop de pied ferme. — Marcher au galop ralenti. — Voltes et demi-voltes. — Sauts d'obstacles en exigeant que le cheval soit droit et léger.

Principes de dressage.

ATTELAGE

Attelage en tandem. — Attelage à quatre. — Monter sur le siège. — Maniement du fouet. — Tenue et maniement des guides. — Marcher, arrêter, repartir. — Allonger et ralentir l'allure. — Tourner à droite ou à gauche. — Retraite.

Principes de dressage.

MANIEMENT DU CHEVAL

Avant d'apprendre à monter à cheval, avant de tenir des guides, il faut savoir manier un cheval.

Le maniement du cheval est la base de toute science équestre; bien comprise, cette instruction classe l'homme de cheval; sans elle, nul ne saurait devenir ni bon conducteur ni bon cavalier.

On appelle « maniement du cheval » l'action qui consister à aborder un cheval, à lui donner confiance, à le dominer, à substituer sa volonté à la sienne au point d'en faire, pour ainsi dire, sa chose.

Le secret du maniement du cheval est dans « la continuité du contact. »

Ce principe s'applique aussi à la conduite du cheval, soit monté, soit attelé.

La continuité du contact et la solution de continuité constituent le tact. Ce tact est beaucoup plus facile à acquérir qu'on ne le croit. Il est vite appris s'il est clairement expliqué.

Sa formule peut s'établir ainsi : continuité de la demande tant que le cheval n'a pas obéi, cessation absolue dès qu'il a répondu et qu'il est droit ou d'aplomb : droit si on veut continuer le mouvement, d'aplomb si on veut l'arrêter.

On reconnaîtra que la demande a été bien faite lorsque le cheval sera calme après la réponse.

Il ne faut pas confondre, quand on est à cheval ou que l'on conduit, le tact avec la légèreté de main ; on peut avoir beaucoup de tact en employant beaucoup de force, de même que l'on peut en manquer complètement tout en ayant la main très légère.

Beaucoup de gens s'imaginent qu'ils ont du tact parce qu'ils n'exercent aucune pression sur leurs rênes ou leurs guides. C'est une erreur absolue ; disons plutôt qu'ils n'ont pas de main. Ces cavaliers ou conducteurs n'entrent pas en communication avec leurs chevaux ; ils les rendent indécis ; de là viennent presque toutes les défenses. Ils doivent, au contraire, se mettre en communication constante avec eux, de manière à les prévenir des mouvements qu'ils veulent leur faire exécuter et à être prévenu de leurs incartades. Cette communication doit être moelleuse ; elle exige d'ailleurs tantôt de la force, tantôt de la légèreté.

INSTRUCTION DU TROISIÈME DEGRÉ

Pour les élèves Piqueurs, élèves Cochers.

Aborder un cheval.

Pour aborder un cheval, il faut se diriger hardiment vers sa tête, et regarder ses yeux et ses oreilles, de manière à prévoir tous ses mouvements. Arrivé à sa hauteur, il faut, si le cheval est libre dans son box et sans licol, le saisir de la main droite au toupet, appuyer la main gauche sur le chanfrein et suivre les mouvements qu'il fait pour se dérober, en lui opposant une certaine résistance. Aussitôt le cheval arrêté, il faut abandonner le toupet de la main droite, le caresser de cette main sur l'encolure, tout en se tenant prêt à ressaisir le toupet s'il faisait un nouveau mouvement. Dès que le cheval est immobile et calme, on doit se faire aider pour lui mettre un licol.

Il importe au plus haut degré de savoir comment on doit caresser un cheval. On ne devra pas glisser timidement et légèrement les doigts sur l'une des parties du corps, ce qui ne fait que le châtouiller et provoquer sa susceptibilité et sa méfiance, mais on appuyera franchement et loyalement le plat de la main sur le côté de l'encolure; on la déplacera le long du poil, tout en maintenant son appui. On répétera plusieurs fois de suite cette opération. C'est ainsi que l'on gagnera bientôt la confiance de l'animal et que l'on obtiendra ensuite de lui l'abandon.

Si le cheval fuit à l'approche de l'homme, on doit s'arrêter aussitôt et se faire aider par une autre personne placée du côté opposé, de manière à l'encadrer.

On doit se rapprocher alors progressivement de lui en s'arrêtant chaque fois qu'il fait mine de s'échapper; chacun des hommes se penche ou avance d'un pas vers les hanches, chaque fois que le cheval cherche à reculer, et fait le même mouvement vers la tête chaque fois qu'il veut tenter d'avancer. On continue ainsi jusqu'à ce qu'on soit assez près de lui pour pouvoir le prendre.

Il faut éviter que le cheval ne se dérobe, car chaque fois qu'une ruse lui aura réussi, il tentera de la recommencer et acquerra bientôt une grande habileté à s'échapper.

Tenir un cheval.

Si le cheval est en licol, on devra saisir fortement et à pleine main la partie postérieure de la muserole et le caresser de l'autre main.

Si le cheval est en bridon, on devra le prendre par le montant du bridon.

Amener un cheval en main.

Lorsque le cheval se verra pris et qu'il n'aura plus l'idée de s'échapper, on essayera de le porter en avant.

A cet effet, l'homme tiendra le cheval de la main droite et passera l'extrémité de la longe du licol ou des rênes de bridon dans la main gauche; il fera face en avant et avancera dans cette direction en tirant légèrement le cheval à lui sans le regarder.

Souvent le cheval refusera d'obéir ou même reculera.

Dans le premier cas, on essayera de déterminer le mouvement des épaules du cheval vers sa gauche, en attirant sa tête de ce côté; on agira progressivement sans secousses, et par le seul poids de l'homme. Aussitôt que les épaules du cheval auront été déplacées d'un pas, on cessera la traction et on se placera en face du cheval, la longe du licol ou les rênes flottantes, de manière à ce que le cheval ait la tête libre.

On fera ensuite exécuter le même mouvement à droite, en se conformant aux mêmes principes.

On répétera successivement ces mouvements plusieurs fois à droite et à gauche en élevant un peu la main à mesure que le cheval obéit, pour le déterminer en même temps à faire un pas en avant.

Au bout de peu de temps, le cheval suivra l'homme sans opposer de résistance.

Dans le dernier cas, c'est-à-dire si le cheval recule, on saisira des deux mains la longe du licol ou les rênes de bridon qu'on tiendra à moitié longueur, une rêne de bridon dans chaque main. On fera face au cheval, et on le suivra dans son mouvement de recul, tout en lui opposant une assez grande force de résistance. On aura soin de se maintenir toujours en face de lui, même s'il recule de travers, afin d'éviter qu'en se ployant il ne se cabre et ne se renverse. Lorsque le cheval aura cessé de reculer, on cessera de lui opposer de la résistance et on laissera flotter la longe du licol, ou les rênes de bridon; on caressera le cheval; on essayera alors de le porter en avant, comme il vient d'être expliqué.

Arrêter un cheval.

Lorsque le cheval aura été amené à l'endroit désigné, on l'arrêtera. Dans ce but, on s'arrêtera soi-même en faisant sentir fortement sur le montant du bridon le poids de la main.

On se placera face au cheval, dès qu'il sera arrêté, les rênes flottantes, une rêne dans chaque main.

Si le cheval jette ses hanches à droite ou à gauche, on le remettra à la place qu'il occupait. On ressaisira pour cela avec une seule main le montant du bridon et on portera la tête du cheval en arrière à

droite ou en arrière à gauche; on l'y maintiendra
jusqu'à ce qu'il ait rangé ses hanches à gauche ou
à droite.

Faire reculer le cheval d'un pas.

Pour reculer comme pour se placer, le cheval
devra être en bridon.

Quand le cheval sera exactement dans la direction
et à la place qu'il occupait primitivement et qu'il ne
cherchera plus à la quitter, on essayera de le faire
reculer d'un pas.

Pour faire reculer le cheval d'un pas, on lui fera
face et on prendra une rêne de bridon dans chaque main, à quelques centimètres du mors. On
appuiera sur le mors, d'abord de haut en bas pour
lui faire baisser la tête, puis d'avant en arrière pour
le déterminer à reculer.

Cet appui devra être progressif et continu, de manière à éviter la douleur sur les barres et par suite
l'élévation brusque de la tête.

Dès que le cheval aura obéi, on cessera l'appui, on
allongera les rênes et on s'éloignera un peu du cheval, toujours lui faisant face, de manière à ce qu'il
ait la tête libre. On pourra le caresser sur le chanfrein, sur les naseaux et à l'extrémité des lèvres.

Placer un cheval.

On dit qu'un cheval est placé lorsqu'il repose sur ses quatre pieds.

Pour faire placer un cheval, on lui fera face. S'il ne s'appuie que sur un des membres postérieurs, on le fera reculer d'un demi pas, comme il vient d'être expliqué, en ayant soin d'attirer un peu la tête du côté opposé au membre qui n'est pas appuyé. Si le cheval n'appuie que sur un des membres antérieurs, on élèvera un peu la tête du cheval et on l'attirera du côté du membre qui n'est pas appuyé.

Aussitôt le cheval appuyé sur ses quatre membres, on s'éloignera un peu de lui en lui faisant face, les rênes flottantes, une rêne dans chaque main.

S'il tente de se déplacer en avant, on le maintiendra en secouant légèrement les rênes pour lui faire lever la tête, ou bien on lui montrera une cravache ou un bambou, qu'on tiendra élevé et menaçant.

Lever les pieds.

Pour lever le pied antérieur gauche, il faut s'approcher du cheval, le caresser successivement sur l'encolure, sur l'épaule, sur l'avant-bras et le long de la jambe jusqu'au paturon.

Lorsque le cheval ne redoute plus le contact de l'homme, il faut se placer de manière à avoir l'épaule

gauche appuyée contre celle du cheval, le pousser
pour qu'il porte le poids de son corps sur la jambe
droite, saisir le boulet, attirer la jambe à soi, et, lorsque le pied aura cédé, l'élever jusqu'à la hauteur
du genou; on le maintiendra dans cette position les
deux mains embrassant le paturon.

L'homme qui est à la tête du cheval devra dis-
traire son attention autant que possible et attirer un
peu sa tête vers la droite.

On lèvera le pied antérieur droit, suivant les
mêmes principes et par les moyens inverses.

Pour lever le pied postérieur gauche, on devra
caresser successivement le cheval le long des côtes,
sur la croupe, sur les hanches et le long de la cuisse
jusqu'au jarret, puis le long du canon jusqu'au paturon. Lorsque le cheval ne redoutera plus le contact
de l'homme, il faudra placer la main gauche sur la
hanche du cheval et le pousser jusqu'à ce qu'il porte
le poids du corps sur la jambe droite; il faudra saisir le boulet de la main droite, l'attirer à soi, et, lorsque le pied aura cédé, se rapprocher du cheval en faisant face en arrière. On abandonnera alors l'appui
de la main gauche, on fera reposer le canon du cheval le long de la cuisse de l'homme, et on placera la
main droite soit vers l'extrémité des crins de la
queue, qu'elle tiendra pour l'empêcher de fouetter,
soit au paturon pour venir en aide à la main gauche. L'homme qui tient la tête du cheval devra faire
les plus grandes tentatives pour détourner son

attention et attirer un peu sa tête vers la gauche.

On lèvera le pied antérieur droit, suivant les mêmes principes et par les moyens inverses.

Si le cheval faisait des difficultés pour se laisser ferrer, je ne saurais mieux faire que d'indiquer à nos lecteurs le chapitre ix du *Manuel* du comte de Montigny, page 147, où la « méthode pour ferrer les chevaux difficiles » est admirablement bien traitée.

Seller et brider.

On trouvera dans cette leçon le travail préparatoire à donner au jeune cheval dans le dressage.

Pour seller un cheval on enlèvera les couvertures en les faisant glisser d'avant en arrière; on s'approchera ensuite de lui en tenant la selle sur l'avant-bras droit, après avoir eu soin de relever les étriers et les sangles.

On caressera le cheval sur l'encolure et sur la crinière, puis on placera la selle sur l'encolure; on l'y maintiendra jusqu'à ce que le cheval soit immobile et qu'il soit familiarisé avec cette partie du harnachement. On pourra recommencer deux ou trois fois cette opération coup sur coup, puis on fera glisser la selle en arrière jusqu'à la place qu'elle devra occuper; on l'y maintiendra en caressant le cheval sur la croupe et à l'attache du rein, on frappera bruyamment sur la selle avec le plat de la main.

Dès que le cheval ne fera plus le gros dos et qu'il

n'aura plus d'appréhension, on lui enlèvera et on lui remettra lestement la selle plusieurs fois de suite sans prendre la précaution de la poser légèrement; on la laissera, au contraire, porter d'un seul coup de tout son poids.

Quand le cheval sera complètement rassuré, on laissera tomber les sangles du côté droit et on viendra les chercher sous le cheval. On sanglera le cheval aussi légèrement que possible pour le resangler, si c'est un jeune cheval, dès qu'il aura pris un peu d'exercice, sans cela on s'exposerait à le voir tirer au renard et même se renverser à l'écurie, ou à faire casser les sangles, ce qui lui donnerait une victoire longue à oublier.

Il est inutile de se préoccuper de l'emplacement à assigner à la selle; quel que soit l'endroit où on la posera, elle reprendra toujours sa place dès que le cheval aura marché.

Certains chevaux demandent à être plus ou moins sanglés; il faut se baser pour cela sur l'exercice qu'ils auront à faire : plus l'exercice sera violent, plus les sangles devront être serrées.

Le cheval sanglé, on laissera tomber les étrivières.

Pour brider un cheval, il faudra s'avancer vers lui en tenant le bridon ou la bride dans la main droite par le dessus de tête; on aura préalablement placé l'extrémité des rênes dans cette même main.

Si on a affaire à un jeune cheval ou à un cheval

difficile à brider, on débouclera la courroie du licol, on laissera tomber la muserole et on rebouclera le licol qui formera alors collier.

Dans le cas contraire, on délicotera le cheval et on lui fera faire un demi-tour dans sa stalle ou dans son box.

On passera alors le dessus de tête dans la main gauche, en gardant l'extrémité des rênes dans la main droite; avec celle-ci on passera les rênes par-dessus les oreilles du cheval et on les laissera retomber sur l'encolure.

On reprendra alors le dessus de tête avec la main droite; la main gauche saisira le mors; on élèvera les deux mains jusqu'à ce que le mors soit à hauteur de la bouche du cheval. En même temps qu'on lui présentera le mors, on lui mettra un doigt dans la bouche pour la lui faire ouvrir. Aussitôt le mors dans la bouche du cheval, on élèvera la main droite et on passera le dessus de tête par-dessus les oreilles du cheval, en commençant par l'oreille droite; on caressera le cheval; on arrangera la crinière et le toupet, de manière à ce que les crins ne soient pas froissés et que le toupet passe sur le frontal.

On placera le frontal à sa hauteur, on bouclera la sous-gorge et on mettra le passant. On vérifiera les autres passants en s'assurant que les montants de la bride sont bien à la hauteur voulue.

On enlèvera de la bouche du cheval les pailles ou détritus de nourriture qui pourraient s'y trouver; on leur séchera la bave avec un torchon qu'on emploiera aussi à essuyer les aciers; on mettra la gourmette sur son plat.

Le cheval sellé et bridé, on passera l'éponge humide et la brosse le long de la crinière, sur le toupet et à la naissance de la queue, on épongera légèrement les jambes, on graissera les pieds.

On amènera ensuite le cheval, en le tenant par le montant de la bride.

Aussitôt que la personne destinée à monter à cheval sera arrivée, on se placera à droite du cheval, qu'on tiendra de la main droite par le montant de droite de la bride, on appuiera avec la main gauche sur l'étrivière droite pour empêcher la selle de tourner; on présentera l'étrier au pied de manière à ce que l'étrivière soit sur son plat; on ne lâchera la tête du cheval que lorsqu'on en aura reçu l'ordre.

Mettre les harnais et brider.

La manière dont on s'y prend pour placer un harnais sur un cheval n'est point une chose à négliger, dit le comte de Montigny; « on peut, en s'y prenant mal, s'exposer à un accident ou rendre l'animal craintif et difficile à garnir. Supposons le harnais suspendu : le cocher qui veut garnir prend sur son bras droit toute la partie du harnais excédant le mantelet, place le mantelet lui-même sur le bras, saisit des deux mains le collier, dont la partie la plus large se trouve en haut, et le présente au cheval qu'il a eu le soin de mettre tête à queue; il passe le collier doucement et avec précaution, puis, après l'avoir retourné dans la partie la plus mince de l'encolure, le fait descendre à l'épaule; il place doucement le mantelet et le reste du harnais sur le dos du cheval et, après l'avoir étendu convenablement, il déboucle la croupière, il la passe avec précaution après avoir saisi la queue de la main gauche, et fait glisser le culeron en évitant qu'il y ait des crins de pris, ce qui, comme on le sait, peut faire ruer le cheval le plus tranquille; il faut fixer la sangle et la sous-ventrière, sans les serrer par trop. »

On bridera de la même manière qu'il vient d'être expliqué ci-dessus, avec la différence que le toupet devra passer par-dessous le frontal au lieu de passer par-dessus.

INSTRUCTION DU DEUXIÈME DEGRÉ

Pour les Sous-Piqueurs, seconds Cochers.

Faire reculer un cheval de plusieurs pas.

Pour faire reculer son cheval de plusieurs pas, on se conformera à ce qui a été prescrit pour le faire reculer d'un pas, en répétant plusieurs fois ce mouvement.

On mettra entre chaque pas un intervalle proportionnel au degré d'obéissance du cheval et on évitera surtout qu'il ne s'accule.

Si, en reculant, le cheval jette ses hanches à droite ou à gauche, on portera la tête du cheval à droite ou à gauche jusqu'à ce que le cheval ait jeté ses hanches à gauche ou à droite.

Le faire trotter en main.

Il n'y a pas de règles absolues pour la tenue des rênes lorsqu'on doit faire trotter un cheval en main ; elles dépendent de la race et de la nature des chevaux et de la manière de courir de l'homme.

Certains chevaux demandent une grande liberté d'encolure, d'autres demandent à être très tenus.

Certains hommes courent mieux en tenant une rêne dans chaque main; d'autres aiment mieux les tenir près du mors, l'index entre les deux rênes, l'extrémité passée dans le petit doigt. Pour faire trotter les chevaux qui demandent à être tenus, il faut se rapprocher d'eux autant que possible, et même s'appuyer contre leur épaule.

Lorsqu'on voudra déterminer le cheval à trotter, on se portera en avant sans le regarder; on règlera sa vitesse sur la sienne et on cadencera son pas suivant le sien de manière à ce que le pied droit de l'homme et celui du cheval posent ensemble à terre; de même du pied gauche.

Si le cheval cherche à prendre le galop, on lui donnera une ou plusieurs légères saccades sur la bouche sans ralentir la vitesse de l'allure jusqu'à ce qu'il se remette au trot; on reprendra alors la cadence du cheval.

Arrivé à l'extrémité du terrain, on ralentira la vitesse du trot et l'on appuiera progressivement sur la bouche du cheval jusqu'à ce qu'il soit arrêté.

Aussitôt arrêté, on le fera tourner du côté opposé à celui où on le tient afin que dans la suite il ne prenne pas l'habitude de jeter ses hanches du côté opposé à l'homme.

On reprendra le trot et on arrêtera de nouveau suivant les principes prescrits.

Aussitôt arrêté, on placera le cheval.

SELLE.

Ce n'est pas dans les livres qu'on apprend à monter à cheval, mais bien par la pratique, les conseils et les exemples.

Ces lignes ne s'adressent donc pas aux novices. Quelques cavaliers y trouveront les moyens de rectifier les mauvaises habitudes qu'ils auraient pu contracter; elles faciliteront à d'autres la rapidité des progrès que leur expérience pourra amener.

Il est très difficile de poser des règles absolues pour indiquer la manière de monter à cheval; elles varient suivant le but qu'on poursuit, suivant la race des chevaux qu'on emploie, suivant le tempérament des individus, suivant même le caractère de celui qui les monte. De là un grand nombre de *manières;* mais elles peuvent toutes se diviser en deux classes : l'équitation contractive et l'équitation extensive.

La première donne la mesure de la domination de l'homme sur le cheval; elle fait ressortir chez celui-ci le brillant et l'élégance que, seul, il ne pourrait montrer; elle a ses maîtres et ses traditions. Servant en partie de base à l'école du manège, elle a doté l'armée d'une instruction classique; elle est, on peut le dire, une des gloires de la nation. Mais elle demande de longues et sérieuses études; son application ne peut supporter la médiocrité; elle est ainsi à la portée du petit nombre.

La seconde n'a ni école ni traditions; elle vit d'exemples qu'elle trouve dans le sport : monte en courses, monte en chasse, équitation de promenade, équitation militaire d'extérieur, et dans les exercices des concours hippiques auxquels elle doit une grande partie de son extension. Perfectionnée, elle rend les plus grands services; médiocrement pratiquée, elle est encore utile; enfin, elle est à la portée du grand nombre.

Je n'aborderai pas l'étude de l'équitation militaire; elle est admirablement définie dans la théorie sur l'ordonnance. Elle possède à la tête de l'instruction, dans les régiments, comme à l'École militaire de cavalerie, des maîtres de premier ordre qui ont élevé la cavalerie française, au point de vue de l'équitation, au premier rang parmi les cavaleries du monde.

Je ne m'occuperai pas non plus ici de la monte en courses.

Je me bornerai à décrire les règles qu'il convient généralement d'appliquer à la monte en chasse et à l'équitation de promenade.

Ces règles seront basées sur les mouvements naturels du cheval; elles seront faciles à comprendre et faciles à appliquer.

Je ne chercherai pas à établir une nouvelle doctrine, mais je prendrai uniquement dans les méthodes adoptées et dans les exemples fournis par les meilleurs cavaliers les moyens essentiellement simples appliqués aux mouvements essentiellement utiles. J'exigerai dans leur exécution un grand perfectionnement, ce qui est préférable à l'emploi de moyens plus compliqués et médiocrement exécutés.

Je dois donc m'attacher, avant d'aborder la question technique, à faire connaître les points principaux où je cantonnerai l'instruction.

a) J'éviterai d'abord tout mouvement des hanches autour des épaules. En effet, examinez un cheval en liberté : lorsque, après avoir parcouru une ligne droite à une allure vive il changera de direction en pivotant sur les épaules, il s'arrêtera ; lorsque, marchant en ligne droite à une allure vive il changera de direction en pivotant sur les hanches, ce sera pour reprendre sa marche dans la nouvelle direction, en conservant ou allongeant l'allure. La mobilité des hanches caractérise donc la production de l'arrêt, la mobilité des épaules caractérise la production de la marche.

Or, la mobilité des épaules autour des hanches étant chez le cheval la base du mouvement en avant, le mouvement en avant devant être la base de la conduite du cheval, je baserai l'étude de la conduite du cheval sur l'immobilité des hanches et la mobilité des épaules.

La constatation du fait dont je viens de parler amène à faire une exception pour le mouvement de recul. Si, dans ce mouvement, il y a lieu de déplacer les hanches, je ne le prohiberai pas, mais je ne chercherai pas à l'obtenir par l'appui des jambes, car l'appui des jambes est le moyen déterminant du mouvement en avant; il y aurait contradiction.

b) Je n'userai point des flexions de mâchoires; je les remplacerai par des descentes de bouches ou détentes d'encolure.

Les flexions de mâchoire rendent le cheval léger à la main, mais elles offrent le danger de le rendre trop léger pour certains cavaliers; quelquefois même, entre les mains de cavaliers inexpérimentés, ces chevaux sont en arrière de la main et, par ce fait, hors de leur équilibre naturel.

Au contraire, les chevaux habitués à faire des descentes de bouche cherchent toujours la main du cavalier, ce qui les met en communication constante avec lui, leur donne confiance, les maintient en équilibre et, par suite, les rend obéissants.

c) Je préconiserai aussi l'emploi de la rêne directe; je ne m'attacherai à l'usage de la rêne opposée, dite d'opposition, que pour redresser le cheval.

d) Les jambes ne devront servir que pour produire le mouvement en avant. Une instruction supérieure appliquera plus tard l'usage des jambes à la mise en main, etc.

J'évite ainsi la difficulté dans laquelle se noient un

grand nombre de cavaliers : « l'accord des aides. »

e) J'adopterai comme règle principale, dans la progression, tant pour l'instruction des hommes que pour celle des chevaux, de ne chercher à apprendre qu'un seul mouvement à la fois, et de ne passer à un autre qu'après avoir bien compris et bien exécuté le premier.

L'expérience m'a permis d'acquérir la certitude que l'application de ces principes donne des résultats prompts et sûrs.

INSTRUCTION DU TROISIÈME DEGRÉ

Pour les élèves Piqueurs, élèves Cochers.

PRINCIPES ÉLÉMENTAIRES POUR MONTER A CHEVAL

(TRAVAIL EN FILET.)

Tenue des rênes de bridon.

Les rênes de bridon peuvent être tenues ou dans les deux mains, ou dans la main gauche, ou dans la main droite.

Dans les deux mains, les poignets devront être un peu plus bas que le coude et séparés d'environ 16 centimètres, les rênes tenues à pleines mains, les ongles en dessous, ou faisant face au corps, l'extrémité sortant du côté du pouce.

Dans une seule main, elles pourront être tenues de deux manières :

Main gauche, première manière : le poignet devra être renversé les ongles en dessous et placé en face du milieu du corps la main fermée. La rêne gauche sera tenue à pleine main, l'extrémité sortant entre l'index (premier doigt) et le pouce. La rêne droite sera tenue aussi à pleine main dans les quatre doigts, l'extrémité sortant du côté du petit doigt.

Main droite, première manière : la tenue est analogue à celle de la main gauche.

Main gauche, deuxième manière : le poignet devra être redressé et placé vis-à-vis le milieu du corps, les ongles lui faisant face. La rêne gauche passera entre le petit doigt et l'annulaire (quatrième doigt); la rêne droite entre l'annulaire et le médius (troisième doigt), l'extrémité sortant du côté du pouce.

Main droite, deuxième manière : le poignet sera renversé, les ongles en dessous; la rêne gauche passera entre l'index (premier doigt) et le médius, la rêne droite entre l'annulaire et le petit doigt, l'extrémité sortant du côté du petit doigt.

La première manière s'emploiera pour les allures vives et la ligne droite, la deuxième manière s'emploiera pour les allures plus ralenties et les exercices qui demandent de fréquents changements de direction. Elle sera aussi une préparation au travail en bride.

Maniement des rênes de bridon.

Le maniement des rênes de bridon consiste, les rênes étant séparées, à les réunir dans une seule main, à les faire passer d'une main dans l'autre, à les séparer, à les allonger, à les raccourcir, à les abandonner.

Les rênes étant dans les deux mains, on les allongera en ouvrant les doigts pour les laisser glisser, et refermant les doigts aussitôt que les rênes seront à la longueur voulue.

Pour raccourcir la rêne gauche, on la saisira de la main droite entre le pouce et l'index au-dessus du pouce gauche, on ouvrira les doigts de la main gauche, on fera glisser cette main en avant le long de la rêne, on la refermera lorsque la rêne aura la longueur voulue, on remplacera alors les mains.

On raccourcira la rêne droite suivant les mêmes principes et par les moyens inverses.

Pour réunir les rênes dans une seule main et pour les séparer, le mouvement est tellement simple qu'il ne demande pas d'explication.

Pour les faire passer de la main gauche dans la main droite (première manière) et réciproquement, on séparera d'abord les rênes, puis on les passera dans l'autre main.

Les rênes étant dans la main gauche (première manière), pour allonger la rêne gauche on ouvrira les trois derniers doigts en tenant le pouce et l'index serrés ; on laissera glisser la rêne jusqu'à la longueur voulue, on refermera les doigts ; pour allonger la rêne droite, on ouvrira les deux premiers doigts, on serrera les autres, et on laissera glisser la rêne droite jusqu'à la longueur voulue, on refermera les doigts.

Les rênes étant dans la main droite, on les allongera suivant les mêmes principes et par les moyens inverses.

Les rênes étant dans la main gauche (première manière), pour raccourcir la rêne gauche on séparera les rênes, on raccourcira la rêne gauche, comme il a été dit, et on replacera les rênes dans la main gauche.

Pour raccourcir la rêne droite, on la saisira à pleine main avec la main droite, près du pouce gauche, on l'abandonnera de la main gauche avec laquelle on la ressaisira en avant de la main droite à la longueur voulue.

Les rênes étant dans la main droite (première manière), on les raccourcira suivant les mêmes principes et par les moyens inverses.

Les rênes étant dans la main gauche (deuxième manière), pour allonger la rêne gauche il faudra serrer le médius et ouvrir l'annulaire, et laisser glisser la rêne de la longueur voulue; pour allonger la rêne droite il faudra ouvrir le médius et serrer l'annulaire : c'est ce qu'on appelle le *doigté* (comte de Montigny). Pour les raccourcir, il faudra les saisir avec la main droite près du pouce, ouvrir les doigts, glisser la main le long des rênes de la longueur voulue et serrer de nouveau les doigts.

Les rênes étant dans la main gauche (deuxième manière), pour les passer dans la main droite (deuxième manière) il faudra allonger les rênes, placer la main droite en avant de la main gauche à la place que celle-ci occupait, et saisir les rênes comme il a été prescrit.

Les rênes étant dans la main droite (deuxième manière), pour les allonger on ouvrira les doigts qui tiennent la rêne qu'on veut allonger, on serrera les autres. Pour raccourcir la rêne gauche, on la saisira de la main gauche en avant de la main droite, on l'abandonnera de cette main, qui la ressaisira en avant de la main gauche à la longueur voulue. Pour raccourcir la rêne droite, on la saisira avec la main gauche en arrière de la main droite, on ouvrira le petit doigt de la main droite, on fera glisser la main droite le long de la rêne de la longueur voulue et on resserrera les doigts; on raccourcira les deux rênes suivant le principe qui a été prescrit pour raccourcir la rêne gauche.

On abandonnera les rênes en élevant les mains, les laissant glisser jusqu'à l'extrémité et les plaçant sur l'encolure du cheval, le milieu de l'extrémité sur la crinière, en avant du garrot.

Ces mouvements sont beaucoup plus faciles à exécuter qu'à comprendre à la lecture; il suffit d'en indiquer une ou deux fois la pratique.

L'élève cavalier devra, avant de s'occuper d'autre chose, connaître parfaitement le maniement des rênes et savoir en exécuter tous les mouvements sans hésitation et pour ainsi dire machinalement. Il faudra aussi qu'il les exécute tout en tenant sa cravache ou son bambou, et sans en être gêné.

La cravache ou le bambou doivent être tenus dans l'une ou l'autre main, le petit bout en bas. On devra les faire passer facilement d'une main dans l'autre sans donner d'à-coups à la bouche du cheval, les changer de position en mettant le petit bout en l'air et le remettant en bas, et faire des moulinets avec aisance sans toucher le cheval. On devra savoir s'en servir pour frapper vigoureusement au besoin, soit sur l'avant-main, soit sur l'arrière-main.

Monter à cheval.

Cette leçon servira aussi comme leçon du montoir à donner en dressage aux jeunes chevaux.

Pour donner la leçon du montoir, on placera un homme à la tête du cheval ; cet homme le tiendra de la main droite par le montant de droite de la bride ; il prendra l'étrier droit de la main gauche.

Le cavalier se placera à la gauche du cheval, à hauteur des hanches, faisant face à la tête ; il prendra les rênes de filet par leur extrémité avec la main droite qu'il placera sur le troussequin de la selle ; ou bien il se placera à hauteur de l'épaule faisant face à la croupe, les rênes du filet dans la main gauche, l'extrémité sortant du côté du pouce, et il tiendra, de cette même main, une poignée des crins de la crinière. Si le cheval est familiarisé au montoir, il mettra le pied à l'étrier, s'enlèvera en tirant les crins à lui, passera la jambe tendue par-dessus la croupe

du cheval sans la toucher et arrivera légèrement en
selle.

Si, lorsque le cavalier veut mettre le pied à l'é-
trier, le cheval fait un mouvement pour se dérober à gauche, avancer ou reculer, le cavalier, ainsi
que l'homme qui le tient par le montant de la bride,
lui laisseront exécuter ce mouvement en l'accompagnant et attendant qu'il s'arrête.

Aussitôt le cheval arrêté, le cavalier abandonnera
les crins et la bride et s'éloignera de lui. Il recommencera ce mouvement jusqu'à ce que le cheval ne
bouge plus.

Si le cheval se déplace, il le suivra en tenant la
bride et les crins et conservant le pied à l'étrier jusqu'à ce que le cheval s'arrête. Il abandonnera alors
les rênes, les crins et l'étrier, et s'éloignera de lui. Il
mettra le pied à l'étrier et recommencera ce mouvement autant de fois qu'il sera nécessaire pour que
le cheval l'accepte sans se remuer. Il pourra, pour
le confirmer dans sa confiance et son immobilité,
frotter la pointe du pied contre le ventre de l'animal,
tant que la longueur de l'étrivière le lui permettra.

Lorsque le cheval sera parfaitement calme pendant qu'on mettra le pied à l'étrier, le cavalier, s'il
est à la hauteur du flanc du cheval, saisira une poignée des crins de la crinière avec la main gauche;
s'il est à hauteur de l'épaule, il placera sa main
droite sur le troussequin; il tirera fortement à lui
les crins et la selle en appuyant sur l'étrier; il aban-

donnera bientôt après les crins, la selle, les rênes et l'étrier, et recommencera plusieurs fois ce mouvement.

Lorsque le cheval sera familiarisé avec la position du pied à l'étrier, le déplacement de la selle et l'appui de la main sur les crins, le cavalier s'enlèvera sur l'étrier en plaçant sa main droite sur le pommeau de selle; après être resté quelques secondes dans cette position, il mettra pied à terre.

Il recommencera plusieurs fois ce mouvement jusqu'à ce que le cheval le supporte sans bouger.

Il se maintiendra alors un instant dans cette position en portant le haut du corps en avant, de manière à porter de tout son poids sur le milieu de la selle, et caressera de la main droite l'épaule et le flanc de l'animal.

Il restera dans cette position et donnera l'ordre à l'homme qui tient le cheval de le faire marcher quelques pas. Une fois arrêté, il mettra de nouveau pied à terre et remontera. Lorsque le cheval aura marché et se sera arrêté plusieurs fois, le cavalier passera la jambe tendue par-dessus la croupe sans la toucher et se mettra en selle.

Aussitôt en selle, il mettra pied à terre; il remontera et redescendra successivement plusieurs fois en interrompant ces mouvements de quelques marches très courtes.

Position du cavalier à cheval.

Les premières fois qu'un élève montera à cheval il ne devra pas chercher à avoir une position régulière, mais il devra s'attacher à avoir beaucoup d'abandon, à descendre les cuisses et les genoux, à avoir l'articulation des pieds bien libre ainsi que celle des épaules, et à chercher son équilibre en tenant le haut du corps un peu en arrière.

Ce n'est que lorsqu'il aura marché au pas et au trot sans étriers, qu'il saura conduire son cheval dans les changements de direction et les allongements et ralentissements d'allures, et qu'il conservera son aplomb sans se contracter, que le cavalier devra rectifier sa position.

La tête doit être posée naturellement et sans recherche et se mouvoir facilement dans toutes les directions.

Le haut du corps doit être aisé, libre et droit; les bras ne doivent pas s'écarter du corps et doivent former avec les avant-bras un angle un peu plus ouvert qu'un angle droit. Le jeu des articulations doit être parfaitement libre; les reins doivent être souples.

Les cuisses doivent être descendues pour que le cavalier embrasse son cheval et qu'il soit, comme on le dit, dans sa selle; elles doivent être tournées sur leur plat de manière à ce que l'articulation du genou se meuve dans un plan parallèle au cheval, pour forcer la pointe du pied à ne pas être tournée en dehors.

Le genou doit être fixe et servir de pivot au mouvement des jambes lorsqu'elles se porteront en arrière et au mouvement des cuisses lorsque les fesses quitteront la selle pour trotter à l'anglaise, galoper allongé ou sauter des obstacles.

Les jambes doivent tomber verticalement; les pieds, sans étriers, doivent avoir la position que leur donnera leur propre poids; en étriers, ils devront être engagés au tiers et reposer sur la grille de l'étrier. Pendant le trot à l'anglaise et aux allures vives, les étriers serviront de point d'appui à la jambe sans qu'elle abandonne sa position verticale; les pieds devront avoir une direction parallèle à celle du cheval, de manière à pouvoir permettre au cavalier de fermer la jambe sans que les éperons touchent le cheval; ils devront conserver toujours la souplesse dans l'articulation.

Mettre pied à terre.

Pour mettre pied à terre on déchaussera les deux étriers, on penchera complètement le haut du corps en avant et à gauche en plaçant les mains sur les deux côtés de l'encolure à sa naissance, on passera la jambe droite tendue par-dessus la croupe du cheval sans la toucher, et on s'élancera à terre; ou bien

on prendra une poignée de crins de la main gauche,
on déchaussera l'étrier droit, on s'enlèvera sur
l'étrier gauche, on passera la jambe droite tendue
par-dessus la croupe du cheval sans la toucher, et on
arrivera à terre en abandonnant les crins de la main
gauche; on déchaussera l'étrier gauche.

Marcher.

Pour marcher, on élèvera un peu la main ou les
les mains qui tiennent les rênes du bridon et on donnera simultanément de chaque côté, en arrière des
sangles, un coup de mollet dont on proportionnera la
force à la sensibilité et au degré de sang du cheval.

Aussitôt qu'on sera en marche, on replacera la
main ou les mains. Les doigts devront être serrés, le
petit doigt plus que les autres, et les articulations
des poignets de l'avant-bras et du bras deront être
souples, de manière à ce que les rênes conservent
toujours leur même degré de tension et que les mains
puissent suivre les oscillations de la tête du cheval.

Le jeu du petit doigt doit être l'objet de l'attention
du cavalier; son action joue un rôle capital dans la
conduite du cheval : elle permet d'exercer le maxi-
mum de force dans la demande et assure le moelleux du contact qui doit être maintenu d'une façon
continue sur la bouche du cheval. « *C'est avec le
petit doigt que l'on monte à cheval.* »

Si le cheval allonge son allure, il faudra aug-

menter la tension des rênes en baissant un peu
les mains jusqu'à ce qu'il l'ait ralentie; s'il la ralentit, il faudra diminuer cette tension en élevant un peu
les mains sans abandonner la tête, et s'il s'arrête, le
stimuler par deux coups de mollet et, au besoin,
employer la cravache.

Si le cheval refuse de se porter en avant, on trouvera à l'instruction du premier degré (défenses de
pied ferme) les moyens de triompher de ses défenses.

Arrêter.

Pour arrêter, le cavalier devra baisser la main ou
les mains qui tiennent les rênes du bridon, serrer
les doigts, porter le haut du corps en arrière en prenant sur les rênes un point d'appui moelleux, continu et progressif.

Aussitôt que le cheval sera arrêté, immobile et
d'aplomb sur ses quatre jambes, on replacera le haut
du corps et on cessera d'appuyer sur les rênes en
entr'ouvrant les doigts *sans avancer les mains*.

Le cheval essayera alors d'allonger son encolure et
de baisser la tête en attirant les rênes à lui; c'est ce
qu'on appelle une descente de bouche ou détente
d'encolure. On ne devra pas s'opposer à ce mouvement, on devra au contraire le favoriser et le provoquer.

Les rênes se trouveront ainsi allongées jusqu'à
leurs extrémités. On pourra les abandonner ou les

tenir à pleine main par leur extrémité. On ne les reprendra que si le cheval remue ou s'il faut lui faire exécuter un nouveau mouvement.

Repartir.

Pour repartir, on reprendra les rênes et on se conformera à ce qui a été prescrit pour marcher.

Tourner à gauche ou à droite en marchant.

Le cheval marchant au pas, pour tourner à gauche il faudra diminuer l'appui sur la rêne droite, raccourcir la rêne gauche, augmenter l'appui sur cette rêne en serrant les doigts et porter la main gauche plus ou moins à gauche suivant le degré de dressage du cheval. L'appui devra être plus ou moins fort suivant la sensibilité du cheval et suivant la dimension de l'arc de cercle qu'on voudra parcourir; mais il devra être continu et progressif *jusqu'à ce que le cheval ait obéi*. Si le cheval ralentit son allure pendant ce mouvement, on élèvera la main et on le stimulera par deux coups de mollet en arrière des sangles.

On aidera au mouvement en portant le poids du corps du côté vers lequel on voudra tourner, surtout aux allures vives.

Lorsque le cheval arrivera dans la nouvelle direction, on le recevra sur la rêne droite en la rapprochant de l'encolure, lui rendant son degré primitif de tension et diminuant le degré de tension de la rêne gauche ; lorsque le cheval sera droit en marchant, on raccourcira la rêne qu'on avait allongée et on replacera les mains.

On tournera à droite en marchant suivant les mêmes principes et par les moyens inverses.

Reculer d'un pas.

Le cheval étant de pied ferme, pour le faire reculer d'un pas on séparera les rênes, on les raccourcira, on baissera les mains en serrant les doigts ; pour baisser la tête du cheval, on portera le haut du corps légèrement en arrière en prenant sur les rênes un point d'appui moelleux et continu qu'on augmentera insensiblement jusqu'à ce que le cheval ait obéi, en ayant soin d'éviter toute espèce d'à-coup qui aurait pour résultat de faire lever brusquement la tête du cheval et de déranger son équilibre.

Aussitôt que le cheval aura reculé d'un pas, on replacera le haut du corps et on laissera glisser les rênes dans les doigts de manière à lui donner la liberté d'allonger et d'étendre son encolure.

Marcher au trot.

Pour partir au trot à la française sans étrier, on élèvera la main ou les mains en portant le haut du corps légèrement en avant sans perdre le contac avec la bouche du cheval ; on donnera en arrière des sangles un ou plusieurs coups de mollet proportionnés à la sensibilité du cheval, on emploiera même la cravache.

Aussitôt que le cheval sera au trot, on s'assoiera en chassant les fesses en avant pour chercher le fonds de la selle, on portera le haut du corps légèrement en arrière ; les mains suivront le mouvement de la tête en maintenant sur les rênes un appui toujours constant. On réglera la vitesse de l'allure comme il a été dit pour le pas.

Pour passer au pas, on agira comme il a été prescrit pour arrêter étant au pas.

Lorsque le cheval aura pris le pas, on ouvrira les doigts pour lui laisser faire une descente de bouche et on ne raccourcira les rênes que s'il change de direction ou augmente la vitesse de son allure, ou si on veut lui demander un autre mouvement.

Le cavalier, dans ces mouvements, ne devra pas craindre d'employer de la force pourvu que la demande soit progressive et continue et qu'il n'emploie pas d'à-coups.

INSTRUCTION DU DEUXIÈME DEGRÉ

Pour les Sous-Piqueurs, seconds Cochers.

MONTE DU CHEVAL DE MARCHE

(TRAVAIL EN FILET.)

Marcher, arrêter, repartir.

On se conformera pour ces mouvements à ce qui
a été dit à l'instruction du degré précédent.

Trot à l'anglaise.

« Le cavalier prend un appui sur ses genoux, un
moindre appui sur ses étriers, incline son corps en
avant en sorte que le sommet de sa tête dépasse un
peu la ligne de ses points d'appui et se laisse enlever
par la réaction du trot, de telle sorte que, sur les
deux temps exécutés dans chaque foulée complète à
cette allure, le cavalier reste un temps en l'air et
vienne retrouver la selle au moment où une nouvelle
réaction l'enlève de nouveau sur la selle. C'est donc
une mesure à deux temps, et le cavalier prend ins-
tinctivement, comme premier temps, l'enlever, le

plus fort qui se trouve sur tous les chevaux et est plus marqué chez quelques-uns. Pour trotter gracieusement à l'anglaise il faut éviter toute espèce de mouvement forcé ou contracté du haut du corps, toute espèce de flexion de rein exagérée, conserver les cuisses et les genoux particulièrement fixes, les coudes au corps, la main basse et fournissant un appui constant à la bouche du cheval, appui qui n'exclut ni la légèreté, ni la soumission. C'est un contact qui permet à l'encolure un certain degré de rigidité dont elle a besoin pour entraîner la masse et ôter toute incertitude au mouvement. »

(Comte DE MONTIGNY).

Pendant le trot à l'anglaise, les jambes, tout en conservant leur indépendance, doivent se maintenir dans leur position verticale.

Pendant toute la durée du trot, le cavalier devra exiger de son cheval qu'il soit droit, c'est-à-dire qu'il ne tourne la tête ni à droite ni à gauche, que l'encolure soit aussi souple d'un côté que de l'autre, et que l'appui soit égal sur chaque rêne.

Si le cheval porte la tête du côté droit, si le côté gauche de l'encolure est moins souple que le côté droit et par conséquent la tension de la rêne gauche plus forte que celle de la rêne droite, le cavalier devra appuyer sur la rêne gauche en la rapprochant de l'encolure jusqu'à ce que le cheval ait rendu sa tête; il lui laissera alors la liberté de faire une descente de bouche.

Il continuera ensuite de trotter en appuyant la rêne gauche contre l'encolure jusqu'à ce que le cheval ait la tête droite et qu'il soit également obéissant des deux côtés.

Allonger, ralentir le trot.

Pour allonger l'allure étant au trot, il faudra élever les poignets en diminuant le point d'appui sur les rênes ; si ce moyen est insuffisant, on donnera simultanément avec chaque jambe un ou plusieurs coups de mollet, et au besoin on emploiera la cravache ou le bambou ; on frappera le cheval plutôt le long de l'épaule que sur l'arrière-main, en passant préalablement les rênes dans une seule main.

Dès que le cheval aura obéi, on replacera les mains, on reprendra le point d'appui initial et on maintiendra le cheval à son allure par quelques coups de mollet s'il la ralentissait.

Pour ralentir l'allure, il faudra baisser les mains, serrer les doigts, porter le haut du corps légèrement en arrière de manière à augmenter la pression sur la bouche du cheval jusqu'à ce qu'il ait réduit sa vitesse à un degré moindre que celui qu'on voudra lui donner. Aussitôt que le cheval aura obéi, il faudra avancer les mains, ce qui s'appelle rendre la main, et lui laisser reprendre la vitesse voulue ; dès qu'il l'aura reprise, il faudra reprendre le point d'appui initial.

Si le cheval cherche à augmenter sa vitesse, il faut successivement augmenter et diminuer la pression des rênes, ce qui s'appelle arrêter et rendre, jusqu'à ce que le cheval se maintienne à la vitesse voulue en conservant le point d'appui normal; on aura soin de ne cesser l'augmentation de pression que lorsque le cheval aura obéi.

Si, malgré cette précaution, le cheval a encore une tendance à allonger son allure ou à prendre un trop fort point d'appui, ce qui s'appelle tirer à la main, le cavalier devra scier du bridon plusieurs fois de suite et rendre la main après chaque fois.

On appelle scier du bridon l'action qui consiste à secouer le bridon dans la bouche du cheval en tirant successivement et rapidement l'une et l'autre rêne plusieurs fois de suite.

Marcher au galop.

Pour passer du trot au galop, il faudra élever un peu les mains, donner aussitôt, simultanément avec chaque jambe, un vigoureux coup de mollet en arrière des sangles et avancer les mains dès que le cheval tentera sa première foulée de galop.

Si ce moyen ne suffit pas, il faudra employer la cravache ou le bambou, plutôt sur l'arrière-main que sur l'avant-main, en passant les rênes dans une seule main.

Lorsque le cheval sera au galop, on baissera les

mains en conservant toujours sur les rênes une pression égale et continue, on s'enlèvera légèrement sur les étriers, de manière à éviter les contre-coups de la selle, ce qui a pour effet de diminuer les efforts du cheval et de le rendre plus coulant.

Le point d'appui que l'on prendra sur la bouche et sur les étriers devra être dans un rapport constant; il devra augmenter ou diminuer suivant la demande du cheval et le degré de vitesse qu'on voudra lui donner.

Ce point d'appui devra être égal sur les deux rênes, de manière à ce que le cheval galope droit, condition essentielle pour que le galop soit régulier.

Il devra être assez moelleux pour que les mains puissent suivre les mouvements de la tête en maintenant la continuité du contact: « *Suivre la tête sans la lâcher* ». Principe également applicable aux sauts d'obstacles.

Pour passer au trot, on augmentera la pression des rênes en élevant les mains et portant le corps légèrement en arrière. Aussitôt que le cheval sera au trot, on se conformera à ce qui a été prescrit pour marcher au trot.

Pour faciliter le passage du galop au trot, on pourra augmenter particulièrement l'appui de la rêne du côté vers lequel le cheval galope en le rapprochant de l'encolure.

Reculer successivement de plusieurs pas

On fera reculer successivement le cheval de plusieurs pas en se conformant à ce qui a été prescrit pour le faire reculer d'un pas et répétant plusieurs fois ce mouvement.

On mettra entre chaque pas un intervalle proportionnel au degré de dressage du cheval, et on évitera surtout qu'il ne s'accule.

Si en reculant le cheval jette ses hanches à droite ou à gauche, on augmentera l'appui de la rêne droite ou de la rêne gauche que l'on rapprochera de l'encolure jusqu'à ce que le cheval ait jeté ses hanches à gauche ou à droite.

Dans le reculer, on ne devra pas se servir des jambes dont on réservera l'emploi pour produire le mouvement en avant. On arrivera ainsi à faire facilement reculer un cheval sur une grande distance en le maintenant droit, sans qu'il hésite ou se déséquilibre.

Jamais on ne devra lui permettre de reculer d'un seul pas sans y être sollicité.

Le mouvement de recul est le *critérium* du dressage du cheval et du tact du cavalier.

Demi-tour sur les hanches.

Pour exécuter un demi-tour à droite sur les hanches, on portera la main droite vers la droite en l'élevant un peu ; on appuiera la rêne gauche contre l'encolure ; on déterminera le cheval à se mettre en mouvement en le stimulant par des petits coups de mollet appliqués par la jambe gauche en arrière des sangles. Aussitôt que le cheval aura fait un pas vers la droite, on le recevra en replaçant les mains, mais on abaissera la main gauche au-dessous de sa position normale en la rapprochant de la main droite, de manière à appuyer la rêne gauche contre l'encolure afin d'empêcher le cheval de jeter ses hanches à gauche.

Aussitôt que le cheval sera d'aplomb sur ses quatre membres, on lui donnera un peu de liberté d'encolure et on recommencera ce mouvement jusqu'à ce que, pas à pas, on ait décrit l'arc de cercle voulu.

Si le cheval essaie de reculer, on fera usage des jambes.

La deuxième partie du demi-tour sur les hanches est toujours plus difficile à exécuter que la première ; c'est à son exécution que le cavalier devra porter le plus d'attention.

Sauts de petits obstacles.

La première condition à remplir pour sauter un obstacle c'est de vouloir le sauter. Si on a peur ou si on hésite, le cheval ne saute pas.

Lorsqu'un cavalier est décidé à faire sauter son

cheval, sa préoccupation première doit être de le maintenir droit.

A cet effet, il arrivera en face du milieu de l'obstacle. A 25 ou 30 mètres environ, il prendra le galop. Aussitôt qu'il s'apercevra que son cheval a la moindre velléité de se dérober d'un côté, il devra raccourcir sensiblement la rêne du côté opposé, serrer fortement les doigts, augmenter considérablement la pression de cette rêne de manière à ramener la tête du cheval qu'il tiendra ferme dans cette position, jusqu'à ce que le cheval ait jeté ses hanches du côté opposé.

Le cavalier devra alors redresser son cheval avec l'autre rêne et le tenir ensuite bien droit dans les deux rênes.

Si le cheval hésite ou s'arrête en face de l'obstacle, il passera rapidement les rênes dans une seule main et se servira de la cravache ou du bambou sur l'arrière-main, en même temps qu'il appliquera deux bons coups de mollet en arrière des sangles.

Les premières fois que le cavalier sautera, il devra, en arrivant sur l'obstacle et dès qu'il aura compris que son cheval va sauter, saisir une poignée de crins avec la main ou les mains qui tiennent les rênes, sans les raccourcir, de manière à ne pas gêner le cheval, et surtout à ne pas le recevoir de l'autre côté de l'obstacle par un à-coup sur la bouche, ce qui serait inévitable s'il agissait autrement.

Le cavalier devra prendre un point d'appui sur la

crinière pour se bien lier à son cheval et maintenir le haut de son corps dans une position à peu près verticale avant, pendant et après le saut.

Ce n'est que lorsqu'il saura parfaitement se lier à son cheval, lorsqu'en ployant et déployant les bras, la position du haut du corps sera indépendante des mouvements de la tête et de l'encolure du cheval, et lorsqu'il saura le recevoir sans à-coup, qu'il pourra conserver la tension des rênes en sautant et ne pas avoir recours à la crinière.

Il devra alors, comme je l'ai expliqué dans l'instruction au galop, suivre la tête sans la lâcher.

Lorsqu'il aura acquis plus de confiance, d'abandon et de tact, il pourra entr'ouvrir les doigts au moment où le cheval se recevra pour lui laisser faire une demi-descente de bouche, ce qui est utile dans certain cas.

Pour apprendre à bien sauter, il ne faut pas craindre de sauter souvent.

PRÉPARATION A L'INSTRUCTION DU PREMIER DEGRÉ.

(TRAVAIL EN BRIDE.)

Maniement des quatre rênes.

Les quatre rênes seront tenues le plus souvent dans la main gauche; on pourra les séparer en tenant deux rênes dans chaque main ou les tenir dans la main droite.

Dans la main gauche on tiendra la rêne gauche de filet sous le petit doigt, la rêne gauche de bride entre le petit doigt et l'annulaire, la rêne droite de bride entre l'annulaire et le médius, la rêne droite de filet entre le médius et l'index, l'extrémité sortant du côté du pouce, la main vis-à-vis le milieu du corps, les doigts lui faisant face.

On séparera les rênes en saisissant la rêne droite du filet entre le petit doigt et l'annulaire de la main droite, et la rêne droite de bride entre l'annulaire et le médius, l'extrémité sortant du côté du pouce, et les abandonnant de la main gauche; on écartera les mains d'environ 10 centimètres, les doigs faisant face au corps.

On pourra replacer les rênes dans la main gauche en les tenant comme il vient d'être prescrit, ou bien si l'on a à exécuter brusquement un mouvement, on les passera dans la main gauche, la rêne droite du filet entre le pouce et l'index, la rêne droite de bride entre l'index et le médius, l'extrémité sortant du côté du petit doigt, d'une façon analogue à celle qui a été prescrite pour le filet (deuxième manière).

On tiendra les rênes dans la main droite en les saisissant en avant de la main gauche, les ongles en dessous, la rêne gauche de filet entre le pouce et l'index, la rêne gauche de bride entre l'index et le médius, la rêne droite de bride entre le médius et l'annulaire, la rêne droite de filet entre l'annulaire et le petit doigt, l'extrémité des rênes sortant du côté du petit doigt.

Les rênes étant dans la main gauche, on les allongera en les laissant glisser dans les doigts. On les raccourcira en les saisissant d'abord de la main droite au-dessus du pouce et laissant glisser la main gauche en avant jusqu'au point voulu.

Il faut savoir allonger et raccourcir facilement et indépendamment les unes des autres les rênes de bride et les rênes de filet.

INSTRUCTION DU PREMIER DEGRÉ

Pour Piqueurs et Cochers.

MONTE DU CHEVAL DE CHASSE EN VUE DE SA PRÉPARATION

**Travail en bride sur les quatre rênes;
les cavaliers seront en éperons.**

L'éperon n'est, pas plus que le fouet, un moyen de châtiment; seulement il engendre la crainte. L'intelligence n'est pas assez développée chez le cheval pour qu'il comprenne que la punition est la conséquence de la faute : c'est avant et pendant la faute qu'il faut infliger la correction, jamais après.

L'éperon peut être un aide pour décider un cheval lorsqu'il hésite et pour lui donner du courage lorsqu'il faiblit ou s'abandonne, ce qui arrive quelquefois avec les chevaux mous ou qui manquent de sang; on doit l'employer rarement mais vivement et sans le laisser au poil, et il faut être sûr de réussir.

Dans les autres cas, l'éperon est inutile et même dangereux, car souvent il déséquilibre les chevaux et provoque des défenses.

Marcher, arrêter, repartir. — Allonger et ralentir le trot et le galop. — Demi-tour sur les hanches. — Reculer.

Tous ces mouvements s'exécuteront suivant les principes prescrits aux deux instructions précédentes, en ayant soin particulièrement, pour la marche au galop, de maintenir les chevaux bien droits. On reconnaîtra qu'un cheval est droit au galop lorsque, en changeant de main, il changera spontanément de pied sans que son cavalier le lui demande et sans que pour ainsi dire il s'en doute.

Le but de cette instruction est d'apprendre aux cavaliers à se servir des quatre rênes.

Le mors de bride joint au mors du filet étant un instrument très puissant, il convient de savoir en modérer et surtout en approprier l'usage.

L'usage n'en sera pas approprié lorsque le cheval ne sera pas équilibré, c'est-à-dire que sa tête sera trop haute ou trop basse, lorsque le bout du nez sera trop en avant ou trop en arrière, ou lorsque son encolure sera ployée à droite ou à gauche. Il ne sera pas modéré lorsque le cheval lèvera brusquement la tête ou lorsqu'il battra à la main.

On pourra ne se servir que du mors du filet, si c'est nécessaire, en allongeant suffisamment les rênes de bride.

Habituellement, le poids de la main devra être également réparti sur les quatre rênes; la main devra occuper la place prescrite aux instructions précédentes.

Si le cheval baisse la tête, on devra élever la main en augmentant l'effet du filet et diminuant l'effet de la bride; à cet effet, on raccourcira les rênes du filet.

Si le cheval lève la tête, on devra séparer les rênes et baisser les mains. On augmentera l'effet de la bride en allongeant les rênes du filet ou raccourcissant celles de la bride. Aussitôt que le cheval aura la tête placée, on devra reprendre la position de la main de la bride et l'appui égal sur les quatre rênes.

Si le cheval allonge un peu trop la tête de manière à avoir le bout du nez trop en avant, défaut très rare et qui est une qualité lorsqu'il n'est pas exagéré, il faudra faire sentir l'effet du mors en raccourcissant un peu les rênes de bride.

Si le cheval rapproche sa tête du poitrail et s'il a le grave défaut de se mettre en arrière de la main, il faudra scier du bridon pour tromper l'effet du mors, et si ce moyen ne suffit pas, il faudra tirer brusquement deux ou trois fois soit l'une des rênes du filet, soit une rêne de filet et une rêne de bride, ce qui s'appelle sonner, jusqu'à ce que le cheval lève la tête; on essayera alors de lui donner un point d'appui moelleux sur le filet en élevant un peu les mains.

Le cheval ayant la tête placée, il s'agira aussi de le maintenir droit. A cet effet, si le cheval jette ses hanches à droite, le cavalier devra séparer les rênes et raccourcir un peu les deux rênes droites en les appuyant sur l'encolure et serrer les doigts.

Il amènera par ce moyen le bout du nez du cheval à droite, ce qui produira une certaine gêne dans son allure. Aussitôt que le cheval aura redressé ses hanches, on cessera la traction et on lui laissera faire une descente de bouche s'il le demande.

S'il jette ses hanches à gauche, on le redressera par les moyens inverses.

Il arrive quelquefois que le cavalier éprouve de la difficulté à faire passer un cheval chaud du galop au trot, surtout s'il est en compagnie. Cela vient de ce que la bouche du cheval n'est pas en contact avec la main du cavalier ou de ce qu'il n'est pas droit. Dans le premier cas, il faudra lui faire lever la tête par les moyens prescrits ci-dessus; dans le second cas, on le redressera en résistant puissamment et sans céder, du côté vers lequel il jette ses hanches : On devra tourner le poignet de manière à le placer les ongles en dessus, comme si l'on voulait donner un tour de clef.

Aussitôt que le cheval sera au trot, on replacera les mains pour le maintenir droit.

Il en sera de même pour passer du trot au pas.

Aussitôt que le cheval sera au pas, il faudra favoriser la descente de bouche et abandonner complètement les rênes, si c'est possible.

On renouvellera cet exercice autant de fois qu'il sera nécessaire pour que le cheval passe facilement du galop au trot ou du trot au pas.

Pour tourner à droite ou à gauche, les rênes étant dans une seule main, on pourra :

Soit séparer les rênes,

Soit raccourcir, avec l'aide de la main droite, les rênes du côté vers lequel on voudra tourner, pour les allonger ensuite le mouvement terminé,

Soit allonger, en les laissant glisser dans les doigts, les rênes du côté opposé à celui vers lequel on veut tourner, afin d'éviter d'avoir recours à la main droite, et les raccourcir le mouvement terminé.

Enfin, lorsque les cavaliers auront acquis assez de sûreté dans leur demande, et qu'ils monteront des chevaux bien confirmés dans leur ouvrage et suffisamment sensibles, ils pourront les déterminer à changer de direction à gauche en renversant la main les ongles en dessus, l'élevant et la portant légèrement à gauche, sans faire sentir sur la bouche de leurs chevaux l'effet de la rêne droite plus que celui de la rêne gauche.

Ils détermineront leurs chevaux à changer de direction à droite en renversant la main les ongles en dessous, en l'élevant et la portant légèrement à droite sans faire sentir, sur la bouche de leurs chevaux, l'effet de la rêne gauche plus que celui de la rêne droite.

Les cavaliers se serviront des deux jambes si leurs chevaux ralentissaient l'allure, et les aideront du poids du corps, pendant le mouvement, comme il a été déjà expliqué.

Saut d'obstacles (0^m90 environ).

Pour les sauts d'obstacles, le cavalier devra s'attacher à avoir son cheval droit et cadencé, à n'allonger ni ralentir l'allure, soit avant, soit après l'obstacle, et à conserver sa position en restant lié à son cheval.

J'ai déjà dit qu'il fallait suivre la tête sans la lâcher, ce qui signifie que la main ou les mains doivent être indépendantes du corps du cavalier et être liées à la bouche du cheval en suivant tous ses mouvements, les rênes conservant toujours le même degré de tension; les doigts doivent donc être suffisamment serrés pour que les rênes ne glissent pas. Il est pourtant des cas où l'on a affaire à des chevaux qui demandent une grande liberté d'encolure. On peut alors, pendant le saut, ouvrir les doigts de manière à accorder une demi-descente de bouche; mais cette méthode ne doit être employée que dans le cas que je viens de citer, car elle a l'inconvénient d'obliger à reprendre les rênes après le saut, ce qui déséquilibre le cheval si ce mouvement n'est pas très bien exécuté.

Redresser un cheval qui se défend.

Quand un cheval n'est pas droit, et quand, par suite, il se défend, c'est toujours la faute du cavalier qui le monte ou de ceux qui l'ont monté précédemment. Le cheval rétif n'existe pas; il n'y a que des chevaux rendus rétifs.

Lorsqu'un cheval se défend, il est de principe de ne point se servir d'éperons.

Défenses de pied ferme.

Si le cheval oppose la force d'inertie et ne bouge pas, il faudra réitérer l'action des jambes en employant plus de force et donner quelques légères saccades, soit avec la rêne droite, soit avec la rêne gauche du filet, pour le déterminer à se mettre en mouvement. On l'encouragera aussi de la voix. Cette résistance ne se rencontrera habituellement que chez les chevaux qui n'ont pas l'habitude d'être montés.

Si le cheval rue, croupionne ou lance des coups de pied de vache, ce qui est aussi le propre d'un cheval rarement monté ou bien rendu rétif par l'abus de l'éperon, on diminuera l'intensité des attaques des jambes; on s'aidera plutôt de la main et de la cravache.

Si le cheval se cabre, c'est souvent parce qu'il ne sait, ne veut, ou n'ose se porter en avant, quelquefois parce qu'il veut emmener son cavalier dans une direction déterminée. Ce défaut est le propre des chevaux qui sont en arrière de la main. Dans le premier cas, il faudra rendre complètement la main, tout en tenant les rênes de manière à les reprendre à un moment donné, saisir une poignée de crins et attaquer l'animal vigoureusement avec les jambes afin de le porter en avant sans chercher à lui donner de direction. Quand il sera en marche, on le laissera quelques instants à l'allure et dans la direction qui lui conviennent pour ne reprendre les rênes que peu à peu et remettre délicatement le cheval dans la direction primitive. Dans le second cas on peut, par un effet très puissant et très continu de la rêne directe, lui amener la tête du côté opposé à celui où il veut aller, l'encolure complètement tournée; on l'y maintiendra jusqu'à ce qu'il ait rangé ses hanches. On le portera alors en avant en le maintenant droit et on recommencera l'opération chaque fois qu'il s'arrêtera pour se retourner ou se cabrer.

Si le cheval recule, ce sera par l'effet d'un dressage antérieur mal compris et mal appliqué, celui qui consiste à rassembler le cheval à l'éperon. Je ne connais d'autre moyen que celui de recourir à la cravache appliquée sur les flancs ou sur les épaules, moyen à condamner dans presque tous les autres cas.

Défenses en mouvement.

Si le cheval se précipite en avant avec violence, on le ralentira comme il a été expliqué pour ralentir pendant la marche en ligne droite.

S'il s'arrête, on le reportera en avant en employant les moyens prescrits ci-dessus.

S'il part en bondissant, on le laissera bondir en

portant le haut du corps en arrière pour ne pas être projeté en avant et on règlera ensuite son allure.

Si après avoir marché un certain temps il s'arrête brusquement, c'est qu'il aura été monté par des hommes d'écurie ou des cavaliers peureux et peu soucieux des animaux qui leur sont confiés, et que ces cavaliers lui auront laissé prendre l'habitude de s'arrêter au même endroit, d'y faire spontanément un demi-tour et de devenir ainsi leur maître. Il faudra, la première fois que les chevaux opposeront cette défense, ne pas leur céder et les porter en avant par les moyens indiqués; et lorsque dans la suite on se dirigera vers le même endroit, il faudra prendre une allure vive et l'augmenter avant d'y arriver. On ne ralentira qu'après l'avoir dépassé d'une certaine distance.

Si le cheval, aussitôt après avoir été porté en avant, se retourne du côté de l'écurie, la raison en est encore due à la faiblesse des cavaliers qui l'ont monté antérieurement.

Il faudra le ramener dans la direction primitive en augmentant considérablement l'appui de la rêne jusqu'à ce que le cheval ait la tête complètement tournée du côté opposé à celui vers lequel il veut aller. On maintiendra énergiquement la tête dans cette position jusqu'à ce qu'il ait rangé les hanches du côté opposé; on le recevra alors dans les deux mains et on le portera en avant.

Il arrive qu'en exécutant ce mouvement, qui consiste à augmenter l'appui de la main sur l'une ou l'autre rêne jusqu'à ce que le cheval ait la tête complètement tournée, celui-ci oppose une force irrésistible, et, raidissant son encolure, maintienne sa tête immobile ou même recule, en appuyant du côté où il est tenu.

On dit alors que le cheval a une barre insensibilisée ou cassée. Il n'en est rien; cette expression est vicieuse; on doit dire que le cheval se braque sur le mors. On retrouve ce défaut même aux allures vives; il devient alors désagréable, parfois même dangereux.

Il provient de ce que la plupart des chevaux ont un côté plus raide que l'autre. Cette raideur est augmentée par l'application mal comprise des méthodes de dressage qui consistent à assouplir la mâchoire du cheval sans exiger que les effets obtenus sur l'encolure se transmettent aux hanches. Il arrive que, par l'effet de la crispation qu'il éprouve dans ce mode de travail, le cheval contracte sa mâchoire au lieu de l'assouplir et n'obéit plus. Tandis qu'en appliquant le système qui consiste à ployer l'encolure à gauche ou à droite pour faire ranger les hanches du côté opposé, et rendre ensuite la liberté à l'encolure, le cheval ne peut se raidir; il est forcé d'obéir, et, au lieu d'être sous l'influence constante d'une contraction des muscles, ses muscles sont maintenus dans leur état normal et le calme remplace l'irritation.

Ce défaut est difficile à corriger en une seule fois;

il ne faudra même pas le tenter; on confirmerait le cheval dans cette mauvaise habitude. Il faudra le retourner du côté opposé à celui où il se braque et le porter en avant vivement.

Mais aussitôt qu'on sera en marche au pas ou qu'on se sera arrêté, on appuiera légèrement sur la rêne du filet du côté où le cheval sera braqué; on lui amènera alors légèrement la tête du même côté et on le laissera immédiatement se replacer naturellement en laissant glisser la rêne. On renouvellera très souvent cet exercice en augmentant graduellement l'amplitude du mouvement. Lorsque le cheval obéira bien et qu'on pourra lui faire tourner complètement la tête de côté, on immobilisera la main pendant que la tête sera ainsi tournée, jusqu'à ce que le cheval range ses hanches. On rendra alors la main. On recommencera plusieurs fois au pas et au trot à faire ainsi ranger les hanches, afin d'obtenir la même obéissance des deux côtés.

Parmi les chevaux ayant subi les épreuves d'entraînement ou ayant été montés d'habitude par des cavaliers à main lourde, on en rencontre qui prennent sur la main un point d'appui plus grand que celui qu'on veut leur donner et qui, dans ce but, précipitent leur allure. Il faut, pour les en corriger, augmenter progressivement l'appui des rênes, jusqu'à ce qu'on ait légèrement ployé leur encolure en arrière et que leur allure soit ralentie au-dessous de de la vitesse qu'on veut leur donner. On rendra alors

la main pour leur laisser reprendre la vitesse initiale, et on reprendra un point d'appui plus léger.
On agira de même longtemps encore jusqu'à ce
qu'on ait obtenu la légèreté demandée.

Quelques-uns d'entre eux prennent un point
d'appui trop fort pour qu'on puisse agir ainsi, et
ils s'encapuchonnent. Quoique cette position fasse
éprouver au cavalier une sorte d'appréhension dans
les terrains difficiles, elle n'est nullement dange-
reuse; les chevaux qui la prennent sont souvent les
plus adroits dans les mauvais passages et sur les
obstacles. Elle n'est pas pourtant à rechercher. On
fera perdre cette habitude aux chevaux en sciant du
bridon, les mains hautes, et en rendant dès qu'ils
auront levé la tête.

Certains chevaux battent à la main, d'autres lèvent
la tête et cherchent à se mettre hors de la main. Ce
sont ceux qui redoutent l'effet du mors, soit qu'ils
aient été montés par des cavaliers à main dure, soit
qu'ils aient été montés par des cavaliers à main
flottante. Il faut, pour les en empêcher, prendre deux
rênes dans chaque main, appuyer soit sur les rênes
du filet, soit sur les rênes de bride, soit sur les quatre
à la fois, en baissant les poignets le plus possible le
long des épaules, de chaque côté du garrot, en conservant sur la bouche un contact doux et continu,
de manière à ce que le cheval goûte le point d'appui;
lorsque le cheval aura la tête droite et en équilibre,
on replacera les mains.

Il en est qui se braquent sur l'un et l'autre côté, quelquefois sur les deux ensemble, en levant la tête. C'est encore la crainte du mors et le résultat d'un mauvais dressage qui les fait agir ainsi. Ces chevaux sont sujets à s'emballer; il est très difficile de les arrêter. Je ne connais d'autre moyen que de scier légèrement du bridon sur la commissure des lèvres. Il sera bon, lorsqu'on les bridera de nouveau, de changer leur embouchure.

Enfin, il y a des chevaux qui sont en arrière de la main : ce sont ceux qui replient leur encolure à la moindre pression des rênes sur la bouche. Lorsqu'on se sert des jambes pour les porter en avant, ils la replient davantage, mâchent leur mors et élèvent leur action sans allonger l'allure.

Ces chevaux sont quelquefois plus brillants dans leur allure; mais ce n'est point, dans cette étude, ce que nous rechercherons. Leur attitude est souvent le résultat d'une équitation qui consiste à rassembler le cheval au contact de l'éperon et à céder de la mâchoire au plus léger contact du mors. Peu importe que le cheval mâche son mors si le cavalier ne retrouve que difficilement sa bouche. L'action de mâcher son mors doit être une des suites de l'obéissance; mais l'obéissance n'est pas une conséquence de l'action de mâcher son mors, ce qui est bien différent.

On vient difficilement à bout d'un cheval qui agit sous cette influence. Il faudra, pour lui faire perdre ces fâcheuses habitudes, le mener exclusivement sur le filet, la main haute, n'avoir jamais d'éperon, ne se servir des jambes que par à-coups violents, et le maintenir aux allures allongées, en se conformant à ce qui a été prescrit plus haut dans la même instruction.

J'ai déjà parlé des chevaux qui passent difficilement du galop au trot et du trot au pas. Je n'y reviendrai pas; les moyens indiqués sont difficiles à mettre à exécution en compagnie, car l'on monte rarement avec des hommes de cheval qui savent régler leur allure sur celle du cheval le plus chaud.

INSTRUCTION POUR LE BREVET DE CAPACITÉ

Pour Directeurs d'École d'équitation et de dressage,
Chefs d'écurie.

ÉQUITATION DE PARC OU DE PROMENADE

(Travail en bride.)

Le travail sur la bride n'est pas une suite aux trois premières instructions, elle en est le complément.

Je ne saurais le considérer, ainsi qu'on le fait en général, comme un moyen d'étude, mais au contraire comme le résultat d'une étude.

Ces deux parties de l'instruction diffèrent dans leur principe.

Le travail en filet et sur les quatre rênes a pour objet d'équilibrer le cheval de manière à ce qu'il dépense toutes ses forces dans un but utile. Le travail sur la bride s'exerce sur des animaux qui ont un excédent de forces à dépenser.

Si donc les premiers degrés forment la partie utile de l'instruction, celle-ci en constitue la partie agréable; les uns sont la base de l'édifice, l'autre en est l'ornementation ; les uns sont le propre de l'ouvrier, l'autre doit être le propre de l'artiste.

J'ajoute que si l'instruction des premiers degrés est suffisante pour un homme de cheval, puisque avec elle il peut aller partout, elle est indispensable pour arriver au travail sur la bride. Nul ne saurait l'aborder sans posséder parfaitement les premiers degrés de l'instruction ; il s'exposerait à ne pas la comprendre et à en faire une fausse application.

Marcher, arrêter, repartir.

On se conformera à ce qui a été prescrit précédemment, en observant d'agir avec plus de légèreté.

Trot actionné.

Le cheval étant au trot et bien également appuyé sur les deux rênes, on le rendra d'abord plus léger en appliquant les principes prescrits lorsqu'un cheval tire à la main ; on l'excitera ensuite des jambes, et au besoin de l'éperon, sans pour cela lui laisser augmenter la vitesse de son allure. Le cheval ne tardera pas à élever son action.

Départ au galop de pied ferme.

Pour partir au galop de pied ferme, on éveillera l'attention du cheval en lui faisant sentir l'action des rênes et en fermant en même temps les jambes de manière à engager un peu l'arrière-main, pour provoquer chez lui le désir de se porter en avant, ce qu'on appelait « rassembler son cheval. » Aussitôt ce mouvement produit, on donnera à son cheval la liberté de se porter en avant en élevant et avançant aussitôt la main. On fermera vivement les jambes; si le cheval ne s'échappe pas de lui-même, on emploiera l'éperon.

Dès que le cheval sera au galop, on s'attachera à le maintenir droit, sans s'inquiéter du pied sur lequel il galope; puis on cherchera à le rendre léger en ralentissant et allongeant l'allure du galop.

On reconnaîtra qu'un cheval est droit et équilibré lorsque, comme je l'ai dit précédemment, il galopera de lui-même sur le pied droit en marchant ou tournant à main droite, et sur le pied gauche en marchant ou tournant à main gauche.

Marche au galop ralenti.

Pour marcher au galop ralenti il faut avoir un cheval calme. A cet effet, on ralentira le galop autant que possible en augmentant moelleusement le point d'appui sur les rênes sans que le cheval lève la tête. Aussitôt qu'il sera prêt à prendre le trot, on portera la main en avant de manière à lui laisser étendre son encolure; on serrera un peu les jambes en arrière des sangles si c'est nécessaire.

On répètera ce mouvement jusqu'à ce que le cheval soit très léger à la main en conservant le degré de vitesse voulu.

Voltes et demi-voltes.

La volte est le mouvement qui consiste à exécuter un petit cercle à droite ou à gauche tangeant à la ligne qu'on parcourt.

La demi-volte consiste à exécuter la moitié d'une volte qu'on termine par une diagonale. Cette diagonale ramène sur la ligne qu'on vient de quitter, mais en sens inverse.

Pour exécuter une volte le cheval étant au galop, on devra porter légèrement le poids du corps du côté vers lequel on veut exécuter la volte et raccourcir en même temps la rêne du même côté, proportionnellement au degré d'obéissance du cheval et à la longueur du rayon de la volte, qui lui-même sera dans une certaine mesure proportionné à la vitesse du cheval.

Pendant la volte, on soutiendra le cheval dans les jambes pour l'empêcher de ralentir son allure.

Aussitôt la volte terminée, on reprendra la ligne droite en replaçant le haut du corps et en égalisant les rênes.

On pourra avoir recours à l'usage de la main droite soit pour raccourcir la rêne directe avant de commencer le mouvement, soit par raccourcir la rêne opposée après le mouvement, si au commencement on l'a allongée au lieu de raccourcir celle dont on s'est servi.

Pour exécuter la demi-volte on se conformera aux mêmes principes, en ayant soin de redresser le haut du corps et d'égaliser les rênes lorsqu'on aura décrit un peu plus d'un demi-cercle.

Si le cheval est droit, il devra seul changer de pied en arrivant sur la ligne droite.

Saut d'obstacle en exigeant que le cheval soit droit et léger.

Jamais on ne devra sauter un obstacle sur la bride seule ; on devra sauter sur le filet ou sur les quatre rênes.

On obtiendra de son cheval d'être droit et léger, en se conformant à ce qui a été prescrit déjà à l'instruction précédente. Celui-ci ne devra ni allonger ni ralentir son allure soit avant, soit après l'obstacle.

On exigera dans l'ensemble plus de régularité qu'à l'instruction précédente, plus d'équilibre et plus de moelleux dans le saut.

ATTELAGE.

Je redirai pour l'attelage ce que j'ai dit pour la selle : qu'on apprend plutôt à conduire par la pratique, les conseils et les exemples, qu'on ne l'apprend dans les livres.

Je redirai aussi que les règles à poser varient suivant le but proposé, suivant la nature et la race des animaux qu'on a entre les mains, suivant la *manière* de chaque conducteur.

On peut distinguer deux principales sortes de menages : le menage de route et le menage de ville. Le menage de promenade tient le milieu entre les deux.

Je m'occuperai d'abord du menage de route. Il offre, au point de vue de la conduite proprement dite, moins de difficultés ; je traiterai ensuite du menage de ville, et enfin du grand menage : menage à quatre ou à grandes guides.

INSTRUCTION DU TROISIÈME DEGRÉ

Pour élèves Piqueurs, élèves Cochers.

PRINCIPES DE MENAGE A UN CHEVAL

(TRAVAIL EN FILET.)

Tenue et maniement des guides et du fouet.

Les guides devront être tenues dans la main gauche, la guide gauche entre le pouce et l'index, la guide droite entre le médius et l'annulaire, l'extrémité sortant du côté du petit doigt. Le poignet devra être à hauteur du coude; les doigts fermés devront faire face au milieu du corps, de manière à ce que le dos de la main ne soit pas plus avancé que le poignet.

Pour raccourcir la guide gauche, on la saisira avec la main droite en avant de la main gauche qui l'abandonnera pour venir la ressaisir en avant de la main droite à la distance voulue.

Pour raccourcir la guide droite, on la saisira de la main droite en arrière de la main gauche, on ouvrira les deux derniers doigts de la main gauche, on glissera cette main en avant de la guide jusqu'à la distance voulue, on refermera les doigts et on abandonnera la guide de la main droite.

Pour raccourcir les deux guides, on emploiera l'un ou l'autre système indistinctement.

S'il s'agit de raccourcir l'une ou l'autre guide ou les deux guides de quelques centimètres seulement, on les saisira à la distance voulue avec la main droite en avant de la main gauche, les ongles en dessous, on ouvrira les doigts de la main gauche qu'on laissera glisser jusqu'à ce qu'elle vienne toucher la main droite; on refermera les doigts de la main gauche et on abandonnera les guides de la main droite.

Pour allonger les guides, on les saisira de la main droite en arrière de la main gauche, à la distance voulue, on laissera glisser la main gauche jusqu'à ce qu'elle vienne toucher la main droite.

Le fouet doit être tenu au tiers de la poignée dans la main droite qui doit pouvoir manœuvrer indépendamment de la main gauche, lui porter secours dans les divers mouvements du maniement des guides et éviter de produire sur les guides un effet involontaire ou intempestif.

Il doit être dirigé en avant et à gauche, la monture un peu plus élevée que la poignée. « Pour bien manier le fouet, il faut avoir le poignet et le bras très moelleux, tenir le fouet sans aucune espèce de contraction » (comte de Montigny), et pouvoir facilement étendre le bras de toute sa longueur sans bouger le haut du corps.

Le fouet ne doit jamais être employé dans un mouvement de colère, jamais comme vengeance, pas même comme châtiment, car le cheval n'a pas la perception assez développée pour comprendre que la punition est la conséquence d'une faute.

Il doit être employé pour déterminer son cheval à se porter en avant s'il ne répond pas à la voix, pour allonger ou augmenter son allure, pour stimuler son ardeur, pour le décider à prendre un parti s'il hésite, ou pour détourner son attention au moment où il va commettre une faute; on pourra s'en servir, aussi à deux chevaux, pour régler la vitesse ou l'étendue des tournants.

L'intensité du coup de fouet variera suivant la demande que l'on aura à faire au cheval et suivant son degré de sensibilité ; elle variera de la caresse au coup de fouet sec et piquant.

On évitera autant que possible, lorsqu'on aura plusieurs chevaux en mains, de faire siffler la mèche. Généralement, le bruit excite plutôt les autres chevaux qu'il n'actionne celui auquel s'adresse le coup de fouet; à cet effet, on devra lancer la mèche progressivement en accompagnant le manche qui restera presque parallèle à lui-même. La mèche devra arriver sur le point visé au moment le plus rapide de sa course. On la retirera vivement dans le cas où on voudra donner un coup de fouet plus piquant.

On devra toucher les chevaux autant que possible sur l'épaule ou sur les côtes; on évitera de les fouetter sur la croupe.

Pour que le coup de fouet produise son effet et qu'il donne au cheval l'impression de l'impulsion en avant, il faut baisser d'abord la main qui tient les guides pour lui laisser la liberté d'étendre son encolure. Le coup de fouet devra tomber à ce moment-là; ce n'est que lorsque le cheval aura répondu en avançant, allongeant ou augmentant son allure, qu'on le reprendra dans la main. Si le cheval ne répond pas, on appliquera *crescendo* un second, un troisième et une série de coup de fouets; mais on cessera toujours aussitôt la réponse donnée. Il sera bon de commencer par des coups de fouet très légers, si on ne connaît déjà la sensibilité du cheval. On mesurera souvent mieux l'intensité de la demande par de petits coups de fouet répétés que par un premier coup plus violent.

Lorsqu'on voudra décider un cheval à prendre un parti, ou que l'on voudra détourner son attention, le rôle de la main de guides ne sera plus le même; la main devra, dans ce cas, maintenir énergiquement la tête du cheval, avant, pendant et après le coup de fouet, afin de le soutenir.

Se servir du fouet n'est pas chose facile; bien peu de gens savent en faire usage, surtout en modérer et en approprier l'emploi.

Monter sur le siège.

Avant de monter sur le siège, le cocher se placera à gauche du cheval attelé, à hauteur du flanc et lui faisant face.

Il saisira entre l'annulaire et le médius de la main droite la guide droite qu'il tendra jusqu'à ce qu'il rencontre légèrement la bouche du cheval, il portera cette main le long de la couture du pantalon en étendant le bras de toute sa longueur et laissant glisser la guide, puis il fermera les doigts.

Il saisira ensuite la guide gauche avec la même main, il la tendra jusqu'à ce qu'il rencontre la bouche du cheval, il l'élèvera; il fera glisser cette guide entre les deux doigts en s'aidant de la main gauche jusqu'à ce que les deux guides soient égales à partir de leur extrémité.

Les guides étant *à leur point,* il les passera dans la main gauche qui les saisira, la guide gauche entre le pouce et l'index, la guide droite entre le médius et l'annulaire; puis il relèvera avec la main droite l'extrémité des guides qui doivent être toujours bouclées et les accrochera au petit doigt de la main gauche.

Le *point de guides* étant ainsi déterminé, il montera sur le siège, s'assoiera sur le coussin de siège, en ayant soin que sa redingote ne fasse pas de plis dans le dos, et abandonnera l'extrémité des guides accrochées au petit doigt; celles-ci pendront alors le long de la jambe gauche; il fera rentrer les pans de sa redingote sous les cuisses de manière à ce qu'ils ne flottent pas.

Les guides devront se trouver égales et de la longueur voulue. Si le siège est plus éloigné des chevaux qu'il ne convient, on les allongera de la quantité voulue, avant de monter sur le siège, pour établir le nouveau *point de guides;* on les raccourcira ou on les allongera suivant les principes prescrits plus haut.

Position sur le siège.

Pour décrire la position du cocher sur son siège, j'emprunterai la plume autorisée du comte de Montigny :

« La position du cocher sur son siège a une grande importance à un double point de vue : celui de la bonne impression que fait sur le spectateur la tenue correcte et assurée de l'homme qui doit faire briller son attelage, et celui non moins important de conduire ce même attelage dans les conditions qui permettent de disposer librement de tous ses moyens d'action.

« La position du cocher est la suivante :

« Le corps droit et soutenu, la tête haute, les épaules effacées, sans que l'une puisse jamais être plus avancée que l'autre, ce que l'on appelle être carrément sur son siège.

« Les jambes seront étendues, les pieds portant à plat un peu écartés, les talons rapprochés l'un de l'autre.

« Le coussin du siège sera disposé de manière que les jambes puissent être étendues et fournir au besoin une résistance solide, lorsque l'attelage nécessite la résistance des poignets, surtout au moment de l'arrêt.

« Les coudes doivent tomber près du corps et ne se porteront jamais en arrière.

« Les avant-bras seront pliés, à angle droit, sur le bras. »

Marcher.

Plusieurs auteurs, entre autres le comte de Montigny, critiquent dans cette instruction le mouvement qui consiste à porter la main en avant.

Je ne partage pas leur avis et je dis que, pour des jeunes cochers, pour des chevaux en dressage ou non confirmés, pour des chevaux impressionnables, craintifs ou soi-disant froids d'épaule, il sera généralement utile de porter la main en avant de manière à laisser à l'encolure la liberté nécessaire pour s'allonger, quitte à rectifier la direction prise par le cheval lorsqu'il sera en mouvement. Mon opinion ne sera pas aussi absolue quand il s'agira du menage de ville avec des chevaux confirmés et menés par des cochers habiles.

Pour marcher, on déterminera son cheval à se porter en avant par un appel de langue ou mieux en lui parlant, ce qui l'impressionnera moins. Si on a affaire à un animal froid, on l'appuiera du fouet proportionnellement à sa sensibilité.

Lorsque le cheval sera en marche, on reprendra la position de la main qui tient les guides de manière à donner à la bouche du cheval un point d'appui constant dont on proportionnera la légèreté à la sensibilité de la bouche du cheval et à la vitesse qu'on voudra lui laisser prendre; on maintiendra ce point d'appui tant que le cheval sera en marche.

Arrêter.

Pour arrêter, on raccourcira les guides si c'est nécessaire, et on placera la main droite sur les guides à 20 centimètres environ en avant de la main gauche. On augmentera sensiblement l'appui sur les guides en abaissant la main droite et élevant la main gauche jusqu'à ce que le cheval soit arrêté.

Lorsque le cheval sera arrêté, immobile et d'aplomb sur ses quatre jambes, on replacera les deux mains; on pourra ouvrir les doigts de la main gauche sans la porter en avant, de manière à permettre au cheval de baisser la tête et d'allonger son encolure en attirant les guides à lui, ce qui s'appelle faire une descente de bouche.

Repartir.

Pour repartir, on emploiera les moyens qui ont
été prescrits pour marcher.

Tourner à gauche ou à droite en marchant.

Pour tourner à gauche en marchant, on allongera
les deux guides et on raccourcira la guide gauche.
Afin de maintenir la vitesse de l'allure pendant le
mouvement, on pourra aussi se servir des appels de
langue ou de l'appui du fouet. Si on est au trot, on
aura préalablement le soin de ralentir l'allure; on
ne cessera la pression exercée sur la guide gauche
que lorsque le cheval aura obéi. Lorsque le cheval
sera dans la nouvelle direction, on allongera la
guide gauche pour qu'elles soient toutes deux égales
et également tendues, et on raccourcira les deux
guides [1].

On tournera à droite suivant les mêmes principes
et par les moyens inverses, mais sans qu'il soit
nécessaire d'allonger préalablement les guides pour
les raccourcir ensuite.

Pour raccourcir l'une ou l'autre guide, on pourra
employer les moyens indiqués plus haut ou faire
usage du peloton.

Le peloton consiste à saisir une des deux guides

---

1. Il n'est pas nécessaire d'allonger les guides avant de tourner à
gauche lorsqu'on conduit sur une voiture à deux roues.

avec la main libre, à replier entre le pouce et l'index de l'autre main la partie de la guide placée entre les deux mains, de manière à former une boucle, sans que pour cela la main qui tenait primitivement la guide ait rien abandonné ni laissé glisser.

Je ne suis pas partisan de l'emploi constant du carré, car le carré immobilise la main droite; celle-ci doit, en principe, rester toujours libre, soit pour manier le fouet, soit pour aider au maniement des guides. Mais il est des circonstances où il faut savoir l'employer.

Pour faire le carré, on saisira la guide droite avec la main droite à pleine main, les ongles en dessous, aussi près que possible de la main gauche; on écartera la main droite de la main gauche de quarante centimètres en laissant glisser la guide droite dans la main gauche; on allongera aussitôt cette guide droite de quatre doigts en la laissant glisser dans la main droite de manière à ce que les deux guides soient égales; on rapprochera ensuite la main droite de la main gauche; ces deux mains ne seront séparées l'une de l'autre que d'environ 10 centimètres, les pouces vis-à-vis et à hauteur l'un de l'autre, les doigts faisant face au corps, de manière à assurer la souplesse du poignet. La guide gauche devra passer sur la jointure qui réunit l'index à la main gauche; la guide droite devra passer sur le gras de la main droite, en arrière de la jointure qui réunit le petit doigt à la main.

Pour raccourcir la guide gauche, on tournera le poignet gauche les ongles en dessous.

Pour allonger la guide gauche, on tournera le poignet gauche les ongles en dessus.

Pour raccourcir la guide droite, on tournera le poignet droit les ongles en dessus.

Pour allonger la guide droite, on tournera le poignet les ongles en dessous.

On fera sentir plus fortement l'effet des rênes en élevant les deux mains.

Reculer d'un pas.

Pour reculer, le cheval étant arrêté, on raccourcira les guides, on portera la main droite sur les guides, en avant de la main gauche qu'on élèvera en baissant la main droite; on prendra sur la bouche du cheval un appui moelleux et continu qu'on augmentera insensiblement jusqu'à ce que le cheval ait obéi. On aura soin d'éviter toute espèce d'à-coup dont l'effet se traduirait par une brusque élévation de la tête du cheval et par le dérangement de son équilibre.

Aussitôt que le cheval aura reculé d'un pas, on abandonnera les guides de la main droite et on ouvrira les doigts de la main gauche de manière à laisser au cheval la faculté de faire une descente de bouche.

Marcher au trot.

Pour marcher au trot, il faudra augmenter le point d'appui sur la bouche du cheval pour éveiller son attention et le déterminer par la voix, un appel de langue ou un léger coup de fouet.

Aussitôt que le cheval aura pris le trot, on l'y maintiendra par un appui plus sensible. On réglera son allure en augmentant cet appui s'il augmente son allure, en le diminuant s'il la diminue; on le stimulera aussi de la voix ou du fouet si c'est nécessaire.

Pour passer au pas, on agira comme il a été prescrit pour arrêter étant au pas, et on reprendra un point d'appui léger et constant sur la bouche du cheval.

INSTRUCTION DU DEUXIÈME DEGRÉ

Pour sous-piqueurs, seconds cochers.

MENAGE DE ROUTE.

(TRAVAIL EN FILET.)

Marcher, arrêter, repartir.

Pour marcher, arrêter, repartir, on se conformera à ce qui a été prescrit à l'instruction précédente.

Allonger et ralentir le trot.

Pour allonger le trot, il faut baisser la main afin de laisser flotter les guides de manière à permettre au cheval d'étendre son encolure; aussitôt qu'il aura allongé le trot, on replacera progressivement la main et on reprendra sur la bouche l'appui nécessaire au maintien de l'allure.

Si ce moyen est insuffisant, on laissera les guides effleurer la croupe du cheval, et, si c'est nécessaire, on l'activera par un appel de langue ou un léger coup de fouet.

Pour ralentir le trot, on raccourcira les guides ou bien on placera la main droite en avant de la main gauche en élevant celle-ci et abaissant la main droite, et on augmentera la pression jusqu'à ce que le cheval ait diminué sa vitesse en abaissant un peu la tête et en augmentant la cadence du trot.

Aussitôt le cheval ralenti et en équilibre, on replacera la main et on reprendra la pression initiale.

Pendant toute la durée du trot, on devra exiger du cheval qu'il soit droit, c'est-à-dire qu'il ne tourne la tête ni à droite ni à gauche, que l'encolure soit aussi souple d'un côté que de l'autre et que l'appui soit égal sur chaque guide.

Les chevaux sont bien plus faciles à redresser à la selle qu'à la voiture, car on n'a pas ici la ressource d'élever ou d'abaisser la main et surtout d'appuyer la rêne contre l'encolure. Pour redresser un cheval qui n'est pas droit, on devra souvent allonger et ralentir l'allure, scier du bridon pour tromper le point d'appui du cheval et exécuter de fréquents changements de direction, comme il sera prescrit à l'instruction du premier degré.

A gauche et à droite de pied ferme, suivi du mouvement en avant.

Pour tourner à gauche de pied ferme, il faut allonger les deux guides, raccourcir la guide gauche et faire un appel de langue ou, au besoin, appuyer légèrement son cheval du côté droit.

Dès que le cheval est en mouvement, on évite qu'il ne recule ou n'avance, en abaissant ou élevant la main pour diminuer ou augmenter l'appui de la guide.

Aussitôt que le cheval est dans la nouvelle direction, on doit le porter instantanément en avant, le recevoir sur la main en allongeant la guide gauche, comme il a été prescrit pour marcher, à l'instruction précédente. Lorsque le cheval sera en marche on raccourcira les deux guides.

Il n'est pas nécessaire d'allonger les guides avant de tourner à gauche lorsqu'on conduit sur une voiture à deux roues.

On tournera à droite suivant les mêmes principes et par les moyens inverses, sans qu'il soit nécessaire d'allonger préalablement les guides ni de les raccourcir ensuite.

Reculer successivement de plusieurs pas.

On fera reculer successivement le cheval de plusieurs pas en se conformant à ce qui a été prescrit pour le faire reculer d'un pas, et en répétant plusieurs fois ce mouvement.

On mettra entre chaque pas un intervalle proportionnel au degré de dressage du cheval ; on évitera surtout qu'il ne s'accule.

Si en reculant le cheval se jette à droite, il faudra s'arrêter, lui faire exécuter un quart à gauche, lui replacer la tête de manière à ce qu'elle soit droite et recommencer le mouvement en ayant soin de raccourcir un peu la guide gauche.

Si le cheval se jette à gauche, on s'appuiera sur sur les mêmes principes en employant les moyens inverses.

On arrivera ainsi à faire facilement reculer un cheval sans qu'il hésite ou se déséquilibre.

Jamais on ne devra lui permettre de reculer d'un seul pas sans y être sollicité.

Le mouvement de recul est le *critérium* du dressage du cheval et du tact du conducteur.

PRINCIPES DU MENAGE A DEUX CHEVAUX.

(TRAVAIL EN BRIDE.)

Monter sur le siège.

On se conformera, pour monter sur le siège, à ce qui a été prescrit à l'attelage à un cheval.

Tenue des guides et du fouet.

Même tenue que pour le menage à un cheval.

Maniement des guides et du fouet.

Le maniement des guides et du fouet est le même que pour le menage à un cheval.

Marcher, arrêter, repartir.

On se conformera pour ces trois mouvements à ce qui a été prescrit pour un seul cheval, en exigeant que les chevaux partent, marchent et s'arrêtent bien ensemble.

Pour obtenir un départ régulier, on devra souvent appuyer du fouet le cheval le plus froid sans que l'autre en ait connaissance.

Pour arrêter, on devra s'y prendre à l'avance et mettre beaucoup de moelleux dans l'augmentation de la pression sur la bouche des chevaux.

La difficulté dans la marche est d'avoir des chevaux qui tirent également sur les traits; l'inégalité vient souvent de ce qu'un cheval est plus chaud que son compagnon.

Il ne faut pas, de prime abord, comme le font certains cochers, raccourcir les guides du cheval le plus chaud avant d'avoir épuisé les autres moyens. On n'usera de celui-ci qu'à la dernière extrémité, mais alors d'une façon telle que l'on soit maître de ce cheval au point de l'empêcher de se mettre sur les traits, si on le juge à propos.

On devra agir d'abord avec douceur et patience, laisser le cheval chaud jeter son premier feu, le ralentir ensuite pendant quelques pas par une augmentation d'appui sur la bouche, et dès que le cheval aura répondu, lui rendre sa liberté d'encolure en appuyant en même temps son compagnon d'un ou plusieurs coups de fouet, sans que le premier s'en doute. Dès que le second sera sur les traits on laissera à tous deux une grande liberté d'encolure. Le cheval chaud ne tardera pas à se calmer et à s'apercevoir qu'il vaut mieux diviser l'ouvrage que de le prendre en entier.

Ce moyen est le meilleur à employer. Je dois dire qu'il demande beaucoup de tact et n'est pas à la portée de tout le monde.

Tourner à droite et à gauche en marchant.

Mêmes principes qu'à un seul cheval, en observant qu'il faut que le cheval de l'intérieur du cercle ralentisse son allure et que celui de l'extérieur allonge la sienne. On devra souvent appuyer ce dernier du fouet et régler quelquefois l'ensemble du mouvement avec l'aide de la main droite.

Tel est le mécanisme du menage de route. Il est d'une exécution plus facile que celui du menage de ville, mais le vrai but en est plus difficile à atteindre; le but du menage de route étant de fournir une distance déterminée dans un temps donné en dépensant le minimum d'efforts.

Pour y arriver il faut un très grand tact, une très grande connaissance et surtout un grand amour du cheval. Nul ne saurait devenir un bon conducteur de route s'il ne possède ces deux qualités, tandis qu'on acquerra facilement les qualités voulues pour être un bon cocher de ville.

Il est difficile, pour ainsi dire impossible, d'établir des règles à ce sujet; l'expérience sera le meilleur guide.

INSTRUCTION DU PREMIER DEGRÉ

Pour piqueurs et cochers.

———

MENAGE DE VILLE A UN CHEVAL

(TRAVAIL EN BRIDE.)

Si le but du menage de route est de dépenser tous les efforts du cheval dans un but utile, il n'en est pas de même du menage de ville, qui doit sacrifier en grande partie au côté décoratif.

Le cocher devra se préoccuper ici de la hauteur et du brillant des actions à donner à ses chevaux en même temps que de l'ardeur qu'il doit stimuler chez eux en contenant leur allure.

Marcher, arrêter, repartir. — Allonger et ralentir l'allure. — A droite et à gauche de pied ferme.

On se conformera pour ce travail à ce qui a été prescrit pour le menage de route : on cherchera à obtenir une plus grande légèreté de bouche, une plus grande obéissance et des mouvements plus cadencés.

On obtiendra la légèreté par des allongements et des ralentissements d'allure fréquemment répétés.

Pour rendre un cheval obéissant, on devra pratiquer, sur des routes larges et droites, le mouvement analogue à celui qui est pratiqué dans les manèges sous le nom de « contre-changement de main », c'est-à-dire qu'on devra passer du côté droit au côté gauche de la route et réciproquement en se maintenant pendant un certain temps sur le côté qu'on vient de gagner.

Un cheval sera suffisamment obéissant lorsqu'on pourra lui faire exécuter ces mouvements sans allongements ni raccourcissements de guides, et sans le secours de la main droite. Ainsi : en élevant la main vers la droite, l'inclinant légèrement, les ongles en dessous, le cheval devra appuyer à gauche; en la baissant vers la gauche et l'inclinant les ongles en dessus, le cheval devra appuyer à droite.

On obtiendra plus de cadence dans les mouvements en stimulant le cheval, soit par des appels de langue, soit par de légers coups de fouet, sans pour cela augmenter son degré de vitesse.

Remiser.

Pour remiser, le cocher devra faire reculer son cheval successivement de plusieurs pas dans la direction cherchée; chaque fois qu'il s'en écartera, il cessera de reculer et redressera son cheval en lui faisant exécuter un mouvement vers la droite ou vers la gauche. Il évitera que son cheval ne s'accule, ou qu'il ne recule sans y être sollicité. Si le cheval s'accule c'est parce qu'il est mal conduit; s'il recule trop c'est l'indice d'un mauvais dressage.

Maniement des guides de sûreté et leur usage.

On tient les guides de sûreté : la guide droite entre l'annulaire et le petit doigt, la guide gauche entre le médius et l'annulaire, l'extrémité sortant du côté du petit doigt. Dans ce cas, on devra tenir les autres guides, la guide gauche entre le pouce et l'index, la guide droite entre l'index et le médius.

On raccourcira les guides de sûreté et on raccourcira les quatre guides en les réunissant dans la main droite en arrière de la main gauche et en faisant glisser celle-ci en avant des guides de la longueur voulue.

On raccourcira les guides de dessus en les prenant de la main droite en avant de la main gauche et en les abandonnant de celle-ci pour les ressaisir ensuite en avant de la main droite, sans abandonner les guides de sûreté.

L'usage des guides de sûreté doit être très restreint. On doit se borner à les employer pour des chevaux dont les bouches sont égarées à la suite d'un menage défectueux, ou pour des chevaux très chauds qu'on soulage en changeant le point de contact du mors sur la bouche.

MENAGE DE VILLE A DEUX CHEVAUX

Marcher, arrêter, repartir. — Allonger et ralentir l'allure.

On se conformera pour ces mouvements à ce qui a déjà été prescrit, en exigeant une plus grande régularité d'ensemble ainsi qu'une action plus haute et plus cadencée.

Il ne sera pas aussi difficile que dans le menage de route d'avoir de l'ensemble dans la traction, pour plusieurs raisons :

D'abord, les chevaux devront plutôt être au-dessus de leur ouvrage ; ils devront ensuite être plus chauds et plus en main par suite de l'action qu'on cherche à leur donner. Ils devront être plus obéissants d'ailleurs, par suite des nombreux arrêts et ralentissements auxquels les oblige leur service.

A droite et à gauche de pied ferme.

On se conformera dans ce mouvement à ce qui est prescrit dans la même instruction pour faire face à

droite ou à gauche avec un seul cheval. Il sera parfois nécessaire d'appuyer de la mèche le cheval du
dehors.

Dans ce mouvement les grandes roues ne devront
pas bouger de place.

Remiser.

On se conformera à ce qui est prescrit dans la
même instruction pour remiser avec un seul cheval,
en exigeant que les chevaux reculent, s'arrêtent,
tournent ou repartent ensemble.

Redresser un cheval qui se défend.

Lorsqu'un cheval n'est pas droit à l'attelage c'est
souvent la faute de celui qui le conduit, mais plus
souvent encore de ceux qui lui ont laissé prendre de
mauvaises habitudes.

Défenses de pied ferme.

Lorsqu'un cheval refuse d'avancer, ce n'est pas
parce qu'il est froid d'épaules, le terme est impro-
pre, mais parce qu'il manque de confiance, soit qu'il
redoute de recevoir un à-coup sur la bouche, soit qu'il
ne se croie pas maître du poids. Cette appréhension
devient dans ses effets, d'abord une habitude, ensuite un vice.

Pour déterminer un cheval à se porter en avant, il faut l'y inviter de la voix, puis par un appel de langue, et enfin, par un petit coup de fouet, sans provoquer de défense.

Si ces moyens ne suffisent pas, on le fera reculer successivement de plusieurs pas, aussi droit que possible.

Si, après avoir reculé, il ne se porte pas en avant, on lui fera exécuter successivement plusieurs à droite et plusieurs à gauche.

Si on ne peut arriver à lui faire exécuter ces mouvements, ou, qu'après les avoir exécutés, il ne se porte pas en avant, le rôle du conducteur cessera; on aura recours à un aide.

Celui-ci saisira le montant de gauche de la bride et attirera à lui la tête du cheval jusqu'à ce qu'il ait déplacé ses épaules d'un pas vers la gauche. Il se fera seconder, si c'est nécessaire, par un autre aide qui poussera le brancard de droite en l'appuyant contre le cheval. Dès que le cheval aura exécuté ce mouvement, on l'arrêtera, on le caressera et on lui fera déplacer les épaules d'un pas vers la droite, de la même manière. On continuera successivement ces mouvements jusqu'à ce que le cheval les exécute en avançant. On arrivera ainsi à le faire porter en avant en suivant l'homme.

Si le cheval oppose une force d'inertie complète, on le détellera; on le portera en avant ainsi dételé, et on l'attellera de nouveau après l'avoir fait promener

en main quelques pas. On répètera plusieurs fois de
suite cette opération, et, quand le cheval sera calme
et confiant, on lui fera faire un ou deux pas étant
attelé avant de le dételer; après l'avoir dételé, on
l'attellera de nouveau et on lui fera faire plusieurs
pas jusqu'à ce qu'il suive franchement l'homme en
traînant la voiture.

Aussitôt que le cheval sera en marche, on le laissera dans sa direction, la tête libre, jusqu'à ce qu'il
soit franchement dans les traits; alors seulement on
reprendra délicatement l'appui sur la bouche.

Si le cheval recule, on le laissera reculer, on le
sollicitera même à reculer, en le dirigeant dans son
mouvement; puis on essayera de le porter en avant.

Si le cheval se cabre, on le fera tenir par un
homme à pied au moyen d'une longe coulante atta-
chée à la muserolle; les guides devront être flottantes, on ne les reprendra que lorsque le cheval
sera en marche.

S'il part en bondissant, on le laissera bondir pour
ne le reprendre dans la main que lorsqu'il sera franchement dans les traits.

S'il rue, il sera très difficile de le corriger. Il faudra lui mettre une plate-longe et éviter les attaques
qui produisent cette défense.

Lorsqu'un des moyens indiqués ci-dessus aura
réussi, on ne craindra pas, non seulement de l'employer chaque fois qu'il faudra se mettre en marche,
mais encore d'arrêter son cheval pendant la route,

pour le mettre de nouveau à exécution dans des endroits propices.

Défenses en mouvement.

Il arrive souvent qu'un cheval s'arrête étant en marche sans qu'on en connaisse la cause; c'est ordinairement aux mêmes endroits. Il faudra, dès qu'il sera arrêté, le porter en avant ainsi qu'il vient d'être expliqué, et allonger ou même augmenter l'allure chaque fois qu'on pourra prévoir le moment où il cherchera à s'arrêter. Ici, l'emploi du fouet n'est pas prohibé, à la condition qu'il n'ait pas pour effet de précipiter l'arrêt.

Si avant de s'arrêter le cheval se jette à droite ou à gauche en se braquant du côté opposé, il faudra, par un nouveau dressage, un changement d'embouchure, ou des leçons données au cheval monté, assouplir le côté de l'encolure sur laquelle il se braque.

Si le cheval se jette de côté, soit par peur, soit pour tout autre motif, il faudra le tenir fortement dans la main pour en être maître, et, par une suite successive de leçons, le rendre très obéissant.

Il ne faut jamais battre un cheval ombrageux; on s'exposerait à augmenter les effets de ce défaut.

Si le cheval refuse de tourner à droite ou à gauche en se jetant du côté opposé à celui vers lequel il a la tête tournée, il faudra faire mettre pied à terre à un aide et faire pousser au brancard jusqu'à ce que le cheval ait obéi. On le redressera alors et on le portera en avant. On devra renouveler ce mouvement autant de fois qu'il sera nécessaire pour que le cheval l'exécute seul et franchement; il est très dangereux de continuer à se servir d'un cheval auquel on a laissé contracter cette mauvaise habitude.

Si un cheval rue en marchant, je ne dirai pas, comme je l'ai dit lorsque un cheval rue de pied ferme, qu'il est pour ainsi dire incorrigible. Il faudra, au moment où on prévoit qu'il va ruer, scier fortement du bridon de manière à le mettre presque sur les jarrets et lui parler sévèrement. Dès qu'il sera mis dans l'impossibilité de ruer, on le portera en avant. On renouvellera l'opération chaque fois qu'il sera tenté de ruer. Il arrivera bientôt à en perdre l'habitude.

Je ne parlerai pas des chevaux qui se cabrent, ils ne peuvent se cabrer en marchant; mais, s'ils s'arrêtent pour employer cette défense, on les portera vivement en avant, de manière à ce qu'ils ne puissent s'arrêter.

A l'attelage à deux chevaux les défenses sont moins redoutables qu'à un cheval, car généralement un cheval maintient l'autre; mais il faut être très prudent pour les départs, car le défaut qui consiste à mal partir se communique très facilement d'un cheval à l'autre, si on n'y porte une grande attention.

INSTRUCTION POUR LE BREVET DE CAPACITÉ

Pour Directeurs d'écoles d'équitation et de dressage,
Chefs d'écurie.

ATTELAGE EN TANDEM

Je ne m'étendrai pas longuement sur l'attelage en *tandem;* c'est un attelage d'une utilité restreinte et d'un emploi rare. Il est d'un usage très délicat. Il faut avoir un *leader* très droit et très perçant et un *wheeler* fort et franc. On doit avoir soin, au début de l'apprentissage surtout, d'éviter que le premier ne soit sur les traits, tandis que l'autre est flottant; c'est plutôt le contraire qui devrait exister.

ATTELAGE A QUATRE [1]

Je m'étendrai davantage sur le menage à quatre; il est plus rationnel et tend à se répandre de plus en plus. J'ajouterai qu'il procure une beaucoup plus grande satisfaction à celui qui conduit, en même

1. Consulter l'intéressant ouvrage de M. Donatien Lévesque : *A grandes guides,* et celui de Ed. Howlett, d'après les leçons duquel j'ai résumé les principes que j'expose.

temps qu'il est un agréable spectacle pour ceux qui sont appelés à le regarder.

Monter sur le siège.

Le cocher ou le gentleman qui veut monter sur son siège doit se placer à droite et près du *wheeler* de droite, à hauteur du mantelet lui faisant face.

Il saisira la guide gauche de volée avec le pouce et l'index de la main gauche, il la tirera à lui jusqu'à ce qu'il sente légèrement la bouche des *leaders,* dont les traits devront être presque tendus. Il laissera alors glisser la guide dans la main gauche, qu'il portera à 20 centimètres au-dessous de sa hanche, il serrera les doigts pour que le point de guide ainsi déterminé ne varie plus.

Il saisira la guide droite de volée entre l'index et le médius de la main gauche et la tirera jusqu'à ce qu'il sente légèrement la bouche des *leaders ;* il élèvera cette main, et, avec l'aide de la main droite, il fera glisser la guide droite jusqu'à ce que la boucle de l'extrémité soit au milieu.

Il passera ces deux guides dans la main droite, qui les saisira le plus près possible de la main gauche.

Il saisira la guide gauche du timon avec l'index et le médius de la main gauche et la tirera à lui jusqu'à ce qu'il sente légèrement la bouche des *wheelers.* Il laissera alors glisser la guide dans la main qu'il portera à 20 centimètres au-dessous de sa hanche, il serrera les doigts.

Il saisira la guide gauche du timon entre le médius et l'annulaire de la main gauche, et la tirera à lui jusqu'à ce qu'il sente légèrement la bouche des *wheelers*; il élèvera cette main, et avec l'aide de la main droite il fera glisser la guide droite jusqu'à ce que la boucle de l'extrémité soit au milieu.

Il ressaisira les guides de volée avec la main gauche, la guide gauche sur l'index, la guide droite entre l'index et le médius au-dessus de la guide gauche du timon.

Il passera ensuite les quatre guides dans la main droite qui les tiendra de la même façon, en posera l'extrémité sur son bras droit, de manière à ce qu'elles pendent en dehors, saisira le fouet de la main droite et montera sur son siège. Il repassera alors les guides dans la main gauche, l'extrémité tombant le long de la cuisse gauche, et prendra la position prescrite à la première partie de cette instruction.

Maniement du fouet.

Avant d'apprendre à manier les guides on devra connaître le maniement du fouet, dont l'apprentissage ne nécessite pas, pour le début, un matériel aussi important.

L'usage du fouet est le point le plus important et

le plus délicat de l'attelage à quatre; il est aussi d'une application difficile.

Le fouet s'emploie, soit pour exciter les *leaders,* soit pour appuyer les *wheelers.*

L'usage doit en être beaucoup plus fréquent dans le deuxième cas que dans le premier.

On devra attaquer vivement les *leaders* en les touchant là où on veut, sans toucher les autres chevaux et sans faire siffler la mèche, car le bruit les excite autant que la douleur.

On devra éviter dans ce mouvement de déplacer le haut du corps. Toute autre explication serait superflue; la pratique seule peut amener un résultat.

On appuyera les *wheelers* soit pour les mettre dans les traits, soit pour les aider à tourner; la monture du fouet devra être relevée, c'est-à-dire l'extrémité dans la main droite, le tiers enroulé le long du manche, le reste pendant en boucle.

Pour relever la monture, il faudra la saisir avec la main droite à l'extrémité, étendre le bras vers la droite en l'élevant un peu, et maintenir le manche du fouet dans le prolongement du bras; on marquera dans cette position un temps d'arrêt; on abaissera d'abord le manche vers la droite, puis on le dirigera horizontalement à gauche en décrivant une sorte de cédille, de manière à venir faucher la monture vers son milieu : on obtiendra ainsi deux boucles, l'une au milieu du manche, l'autre à naissance de la monture. On saisira avec la main gauche la boucle du milieu, on déroulera, en la tirant, la partie enroulée entre les deux mains, et on la saisira avec la main droite qui la tiendra en même temps que la poignée.

Je renvoie encore ici les lecteurs à la pratique, comptant peu sur les explications que j'ai cependant cru devoir lui donner.

Maniement des guides.

Pour raccourcir les guides de volée on les prendra avec la main droite en avant de la main gauche, qui les abandonnera d'abord et les ressaisira ensuite en avant de la main droite à la longueur voulue.

Pour raccourcir les guides du timon, on les saisira de la main droite en arrière de la main gauche, on ouvrira les deux derniers doigts de la main gauche que l'on fera glisser en avant des guides de la longueur voulue, puis on refermera les doigts.

Pour allonger soit ensemble, soit séparément les quatre guides, on les prendra avec la main droite en arrière de la main gauche, on ouvrira les doigts de la main gauche, on fera glisser les guides de la longueur voulue et on refermera les doigts.

Pour raccourcir les quatre guides on les prendra avec la main droite en arrière de la main gauche, on ouvrira les doigts de la main gauche qu'on fera glisser en avant des guides de la longueur voulue, on refermera les doigts et on abandonnera les guides de la main gauche.

Pour allonger ou raccourcir les deux guides qui sont entre l'index et le médius, ce qui a pour effet de remettre l'attelage droit lorsqu'il est de travers, on saisira ces deux guides avec la main droite à 3 ou 4 centimètres en avant de la main gauche à pleine main, les ongles en dessous, et on les fera glisser dans la main gauche de la longueur voulue.

Lorsqu'on saura manier les guides avec aisance et sans être gêné par son fouet, et lorsqu'on saura parfaitement se servir de celui-ci, on pourra tenter de se mettre en marche.

Marcher.

Pour se mettre en marche, on déroulera son fouet sans abandonner l'extrémité de la monture ; on placera la main droite sur les guides du timon, on avancera la main gauche et on commandera pour partir.

Aussitôt en marche on abandonnera les guides de la main droite, on relèvera son fouet.

Dans l'habitude, le gros ouvrage devra être fait par les *wheelers,* les traits des *leaders* devront être presque flottants ; ceux-ci devront surtout s'employer pour venir en aide aux *wheelers* dans les montées et dans les passages lourds. Cette règle n'est pas absolue surtout pour des routes, elle devra être laissée à l'appréciation du coachmann qui en jugera plus ou moins bien, suivant qu'il sera plus ou moins homme de cheval.

Arrêter.

Pour arrêter, on raccourcira les guides de volée, on placera la main droite sur les quatre guides en avant de la main gauche qu'on élèvera, et on abaissera la main droite en augmentant la pression jusqu'à ce que les chevaux soient arrêtés. On les y déterminera aussi par un commandement.

C'est dans les seuls mouvements d'arrêter, de repartir ou d'allonger l'allure qu'il faudra parler aux chevaux. En toute autre circonstance l'emploi de la voix est inutile et parfois même nuisible. Si, par exemple, on voulait chercher à calmer des chevaux chauds, les chevaux froids seuls obéiraient.

Aussitôt que les chevaux seront arrêtés, on pourra allonger les guides en les laissant glisser dans la main.

Repartir.

On se conformera à ce qui a été prescrit pour marcher.

Allonger, ralentir l'allure.

On se conformera à ce qui a été prescrit pour l'attelage de ville à deux, en ayant soin de donner plus ou moins de guides à la volée suivant les circonstances.

L'allure du galop n'est pas interdite aux attelages

à quatre; on l'emploie pour une courte distance en montée ou en terrain lourd.

Tourner à droite ou à gauche.

Il y a trois sortes de tournants :

L'appuyer, le tournant ordinaire et le tournant vers une route étroite ou à angle aigu.

Pour appuyer à droite, il suffit de baisser la main vers la gauche, les ongles en dessus, en étendant le bras de toute sa longueur.

Pour appuyer à gauche, il suffit d'élever la main à la hauteur de l'épaule droite, les ongles en dessous.

Pour le tournant ordinaire, à droite, il faudra préalablement raccourcir les guides de volée, et lorsque les *leaders* arriveront en face de l'endroit vers lequel on voudra tourner, on fera un peloton avec la guide droite de volée suivant les principes prescrits. On réglera le mouvement du timon soit avec le fouet, en appuyant l'un ou l'autre des deux *wheelers* sur l'épaule, soit en saisissant l'une ou l'autre guide ou les deux guides du timon avec la main droite, sans les abandonner de la main gauche.

Aussitôt que les *wheelers* seront dans la nouvelle direction, on élèvera le pouce pour dérouler le peloton et on allongera les guides de volée.

Pour tourner à gauche, on allongera préalablement les quatre guides de 20 centimètres, et pour le reste du mouvement, on se conformera inversement à ce qui est prescrit pour tourner à droite; on

raccourcira ensuite les quatre guides de 20 centimètres.

Pour prendre l'entrée du tournant d'un chemin
étroit ou tourner à angle aigu, il faudra raccourcir
les guides de volée; si on veut tourner à droite, on
gagnera du terrain vers la gauche en passant la
guide gauche du timon par-dessus le pouce, puis on
se conformera à ce qui a été précédemment expliqué
pour le tournant à droite, en faisant un ou deux
pelotons selon l'ampleur de la demande. Lorsque les
wheelers seront dans la nouvelle direction, on élèvera le pouce et on déroulera la guide gauche du
timon; on allongera ensuite les guides de volée.

Si l'on veut tourner à gauche, on raccourcira
d'abord les guides de la volée; on raccourcira ensuite
la guide droite du timon, en la prenant en arrière
de la main, pour gagner du terrain vers la droite,
on allongera les quatre guides d'environ 20 centimètres et l'on exécutera le reste du mouvement
comme il vient d'être prescrit pour tourner à droite
et par les moyens inverses. Lorsque les *wheelers*
seront dans la nouvelle direction, on élèvera le pouce,
on allongera la guide droite du timon ainsi que la
volée et on raccourcira les quatre guides de 20 centimètres.

Retraite.

Ce mouvement s'emploie lorsque l'on veut exécuter un demi-tour et que l'espace n'est pas suffisant
pour suivre une demi-circonférence.

Pour fixer les idées, on supposera que l'on veuille faire une retraite par la gauche.

On appuiera d'abord sur le côté droit de la route, le plus près possible du bord, on fera un demi à gauche de manière à se trouver sur une diagonale et on marchera ainsi jusqu'à ce que les chevaux de volée arrivent près du bord opposé. On exécutera alors un demi à droite de manière à ce que le timon soit braqué vers la droite; on arrêtera dans cette position. On reculera ainsi jusqu'à ce que les grandes roues s'approchent du bord de la route vers lequel on avait primitivement appuyé (côté droit). La voiture devra se trouver alors dans une direction perpendiculaire à celle de la route.

On exécutera un à gauche de pied ferme, de manière à ce que le timon qui était encore braqué à droite vienne se braquer dans le sens opposé et l'on se portera en avant en gagnant du terrain vers la gauche jusqu'à ce qu'on soit dans la nouvelle direction.

A la rentrée, le coachman, avant de descendre de son siège, débouclera les guides et les laissera tomber de chaque côté sur la croupe des *wheelers*.

———————

TABLE DES MATIÈRES

DEUXIÈME PARTIE.

Travail à la selle.

Travail à l'attelage.

ÉTUDE SUR LE TRAVAIL DE SELLE ET D'ATTELAGE.

MANIEMENT DU CHEVAL

PRINCIPES ÉLÉMENTAIRES POUR MONTER A CHEVAL
(Travail en filet).

MONTE DU CHEVAL DE MARCHE (Travail en filet).

PRÉPARATION A L'INSTRUCTION DU PREMIER DEGRÉ
(Travail en bride).

MONTE DU CHEVAL DE CHASSE EN VUE DE SA PRÉPARATION

MENAGE DE VILLE A DEUX CHEVAUX

ATTELAGE A QUATRE

Toulouse, Imp. DOULADOURE-PRIVAT, rue St-Rome, 39. — 2403

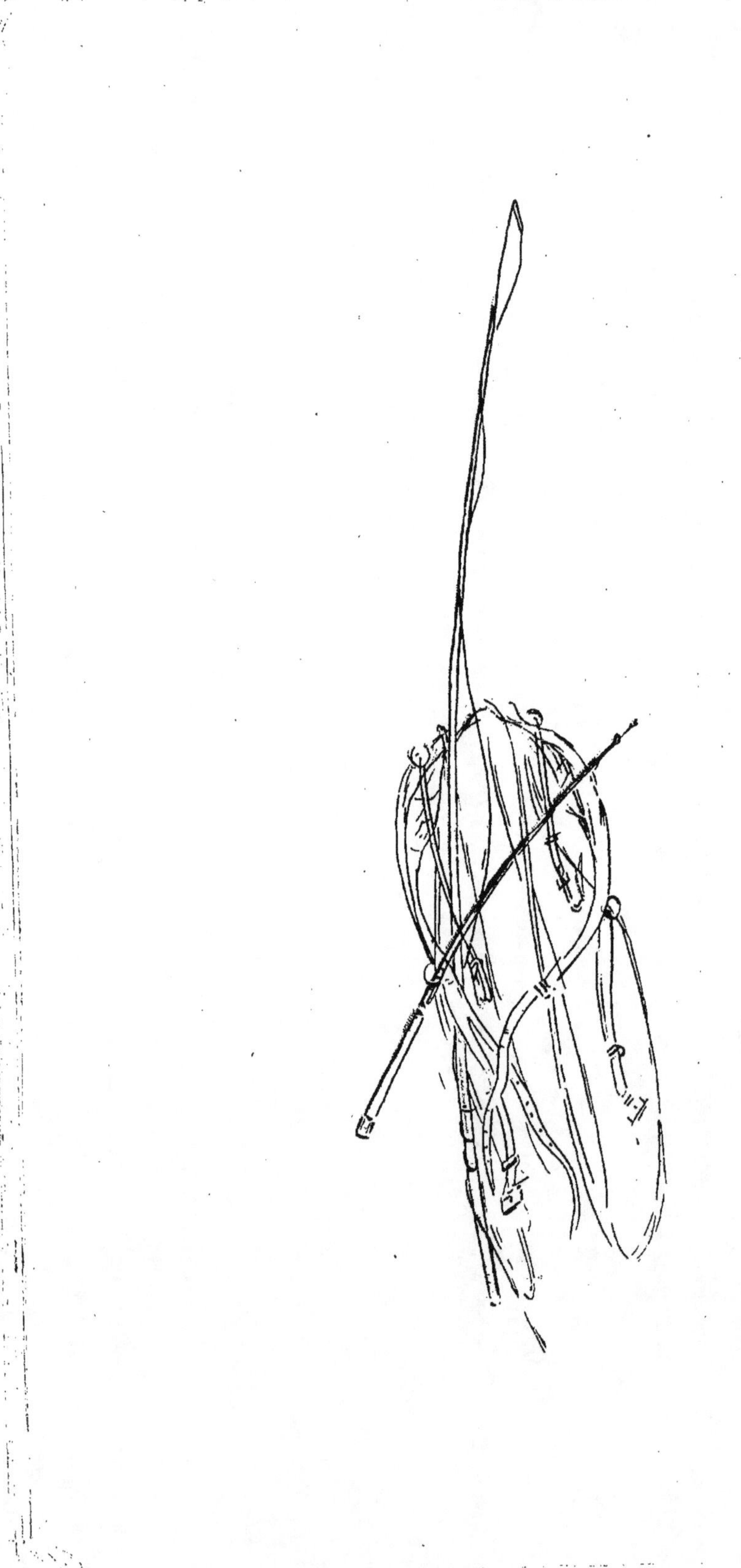